A. Prinzipielle Erwägungen zum Postulat der Relativität.
§1. Die spezielle Relativitätstheorie.

Albert Einstein
COMO VEJO O MUNDO

TRADUÇÃO *H. P. de Almeida*
PREFÁCIO *Marcelo Gleiser*

26ª EDIÇÃO

EDITORA
NOVA
FRONTEIRA

Título original: *Mein Weltbild*
Copyright © Europa Verlag, A.G. Zürich, 1980

Direitos de edição da obra em língua portuguesa no Brasil adquiridos pela EDITORA NOVA FRONTEIRA PARTICIPAÇÕES S.A. Todos os direitos reservados. Nenhuma parte desta obra pode ser apropriada e estocada em sistema de banco de dados ou processo similar, em qualquer forma ou meio, seja eletrônico, de fotocópia, gravação etc., sem a permissão do detentor do copirraite.

EDITORA NOVA FRONTEIRA PARTICIPAÇÕES S.A.
Av. Rio Branco, 115 — Salas 1201 a 1205 — Centro — 20040-004
Rio de Janeiro — RJ — Brasil
Tel.: (21) 3882-8200

Imagen de capa: - Manuscrito original da *Teoria da Relatividade Geral*, primeiras páginas
| Wikipedia commons, e Fotografia de Lotte Jacobi, Universidade de New Hampshire.

Dados Internacionais de Catalogação na Publicação (CIP)

E35c Einstein, Albert
Como vejo o mundo/ Albert Einstein; tradução por H.P. de Almeida; prefácio de Marcelo Gleiser. – 26.ed. – Rio de Janeiro: Nova Fronteira, 2024.

160 p.; 15,5 x 23 cm (Clássicos de Ouro)
Tradução de: *Mein Weltbild*

ISBN: : 978-65-5640-824-8

1. Literatura alemã – ensaios. I. Almeida, H. P. II. Título.

CDD: 833
CDU: 821.112.2

André Queiroz – CRB-4/2242

CONHEÇA OUTROS LIVROS DA EDITORA:

Sumário

Prefácio
VERDADE, BONDADE E BELEZA 9

Capítulo I
COMO VEJO O MUNDO

Como vejo o mundo 11
Qual o sentido da vida? 14
Como julgar um homem? 14
Para que as riquezas? 14
Comunidade e personalidade 14
O Estado diante da causa individual 16
O bem e o mal 17
Religião e ciência 18
A religiosidade da pesquisa 21
Paraíso perdido 21
Necessidade da cultura moral 21
Fascismo e ciência 22
Liberdade de ensino... A respeito do caso Gumbel 23
Métodos modernos de inquisição 24
Educação em vista de um pensamento livre 25
Educação/educador 25
Aos alunos japoneses 26
Mestres e alunos 27
Os cursos de estudos superiores de Davos 27
Alocução pronunciada junto ao túmulo de H.A. Lorentz (1853-1928) 28
A ação de H.A. Lorentz a serviço da cooperação internacional 29
H.A. Lorentz, criador e personalidade 30
Joseph Popper-Lynkaeus 33
Septuagésimo aniversário de Arnold Berliner 33
Saudações a G.B. Shaw 35
B. Russell e o pensamento filosófico 35
Os entrevistadores 40
Felicitações a um crítico 41
Minhas primeiras impressões da América do Norte 41
Resposta às mulheres americanas 44

Capítulo II
POLÍTICA E PACIFISMO

Sentido atual da palavra paz 47
Como suprimir a guerra 47
Qual o problema do pacifismo? 48
Alocução na reunião dos estudantes pelo desarmamento 49
Sobre o serviço militar 50
A Sigmund Freud 51
As mulheres e a guerra 52
Três cartas a amigos da paz 52
Pacifismo ativo 54
Uma demissão 55
Sobre a questão do desarmamento 56
A respeito da Conferência do Desarmamento em 1932 57
A América e a Conferência do Desarmamento em 1932 61
A Corte de Arbitragem 63
A Internacional da Ciência 64
A respeito das minorias 65
Alemanha e França 65
A Comissão de Cooperação Intelectual 66
Civilização e bem-estar 67
Sintomas de uma doença da vida cultural 68
Reflexões sobre a crise econômica mundial 69
A produção e o poder de compra 72
Produção e trabalho 72
Observações sobre a situação atual da Europa 74
A respeito da coabitação pacífica das nações 74
Para a proteção do gênero humano 76
Nós, os herdeiros 77

Capítulo III
LUTA CONTRA O NACIONAL-SOCIALISMO
PROFISSÃO DE FÉ

Correspondência com a Academia das Ciências da Prússia 79
Resposta de A. Einstein à Academia das Ciências da Prússia 80
Duas cartas da Academia da Prússia 81
Resposta de Albert Einstein 82

Carta da Academia das Ciências da Baviera 83
Resposta de Albert Einstein 83
Resposta ao convite para participar de uma manifestação 84

Capítulo IV
PROBLEMAS JUDAICOS

Os ideais judaicos 87
Há uma concepção judaica do mundo? 87
Cristianismo e judaísmo 88
Comunidade judaica 89
Antissemitismo e juventude acadêmica 91
Discurso sobre a obra de construção na Palestina 92
A "Palestina no trabalho" 98
Renascimento judaico 98
Carta a um árabe 99
A necessidade do sionismo – Carta ao professor dr. Hellpach,
   ministro de Estado 100
Aforismos para Leo Baeck 102

Capítulo V
ESTUDOS CIENTÍFICOS

Princípios da pesquisa 103
Princípios da física teórica 106
Sobre o método da física teórica 108
Sobre a teoria da relatividade 114
Algumas palavras sobre a origem da teoria da relatividade geral 117
O problema do espaço, do éter e do campo físico 121
Johannes Kepler 130
A mecânica de Newton e sua influência sobre a formação da física teórica .. 134
A influência de Maxwell sobre a evolução da realidade física 142
O barco de Flettner 145
A causa da formação dos meandros no curso dos rios – Lei de Baer ... 149
Sobre a verdade científica 153
A respeito da degradação do homem de ciência 153

PREFÁCIO

Verdade, bondade e beleza

Quando se fala em Albert Einstein, imediatamente se pensa naquele homem excêntrico, cabeleira branca, sorriso matreiro, ou até de língua de fora. Aquele gênio que enxergou mais longe, que vislumbrou segredos da natureza quase que mágicos, que nos fez repensar os conceitos de espaço, tempo, luz e matéria. Esse é o Einstein cientista, que abriu novos caminhos inesperados para expandir o nosso conhecimento do universo. Esse Einstein era dotado de uma intuição ímpar, de uma capacidade de ir direto ao cerne da questão com que se debatia, chegando a uma solução brilhante quando outros mal podiam tatear o caminho adiante.

Mas e o outro Einstein, o pensador social e político, o judeu perseguido pelos nazistas que teve que emigrar para os Estados Unidos em 1933, o filósofo que contemplou a relação entre a ciência e a religião, que especulou sobre o ímpeto criativo, sobre a noção de justiça e ética, sobre a questão da liberdade e da desigualdade social? Esse Einstein poucos conhecem, mesmo que suas palavras e pensamentos sejam de uma importância que transcende o tempo, relevantes hoje como eram em 1935, quando a primeira edição desse livro de ensaios sobre temas diversos foi publicada. Outros foram adicionados em edições posteriores.

Nos textos colecionados nesse volume, Einstein se mostra como uma pessoa simples, sem ambições materiais, que, aliás, desprezava como sendo um dos grandes males da humanidade. Seu foco, como membro da sociedade, era na justiça social, na igualdade do direito de todos e até na abolição das fronteiras geopolíticas, que considerava um enorme empecilho à paz global. Via o mundo não como uma propriedade dos homens, que obviamente não é — mesmo que muitos assim o considerem —, mas apenas como um planeta circulando o sol, sem as fronteiras artificiais que inventamos, e pelas quais desenvolvemos um patriotismo que nos leva a lutar e até a matar uns aos outros. Para ele, muito do sofrimento humano vem desses artifícios políticos e materiais, dessa vaidade inspirada por fantasias de poder. Sempre foi um pacifista, que via com desprezo o orgulho que tantos homens depositam em suas armas e uniformes.

Einstein avança o seu judaísmo como sendo menos uma religião no sentido sobrenatural ou mesmo de transcendência, mas como uma celebração da vida em todas as suas manifestações: "Como é viva no povo judeu a consciência da sacralização da vida!", escreve no ensaio "Há uma concepção judaica do mundo?". Essa lição é extremamente importante nos dias de hoje, quando a civilização moderna se encontra perante uma encruzilhada em que deve decidir que caminho tomar: se continua agindo como sempre o fez, ou se abraça a sacralidade da vida, da liberdade, da justiça social. Certamente, o cientista não apoiaria as ações atuais do Estado de Israel contra o povo Palestino, que separaria de sua visão mais abrangente do judaísmo. E também consideraria atos de terrorismo como sendo abomináveis e trágicos.

O que nos leva à sua atuação na concepção da bomba atômica. Como ele escreve, "Minha responsabilidade na questão da bomba atômica se limita a uma única intervenção: escrevi uma carta ao presidente Roosevelt". Nessa carta, Einstein sugere que os Estados Unidos deveriam iniciar um programa dedicado à criação de armas nucleares, que se tornou o Projeto Manhattan. Se não o fizessem, argumentou, o fariam os nazistas, com consequências devastadoras para o futuro da humanidade. O problema, acreditava ele, não eram os armamentos, mas a moral humana, que considerava doentia, antiquada e imatura.

Por fim, destaco a questão da devoção à pesquisa científica, que considerava um privilégio, a razão primeira de sua vida. "O espírito científico, fortemente armado com seu método, não existe sem a religiosidade cósmica", escreveu. Einstein via a dedicação à pesquisa, o que chamei antes de "um flerte com o desconhecido," como uma atividade religiosa no sentido mais puro, "que se compara àquele que animou os espíritos criadores religiosos em todos os tempos".

Este pequeno livro distila a essência de um dos maiores pensadores de todos os tempos, ilustrando sua busca pela verdade como sendo inspirada por uma profunda devoção à beleza do mundo natural e pela fé na capacidade humana de se reinventar em prol da bondade e do respeito à vida.

Marcelo Gleiser
Físico, astrônomo, professor e escritor

CAPÍTULO I

Como vejo o mundo

Como vejo o mundo

Minha condição humana me fascina. Conheço o limite de minha existência e ignoro por que estou nesta terra, mas às vezes o pressinto. Pela experiência cotidiana, concreta e intuitiva, eu me descubro vivo para alguns homens, porque o sorriso e a felicidade deles me condicionam inteiramente, mas ainda para outros que, por acaso, descobri terem emoções semelhantes às minhas.

E cada dia, milhares de vezes, sinto minha vida — corpo e alma — integralmente tributária do trabalho dos vivos e dos mortos. Gostaria de dar tanto quanto recebo e não paro de receber. Mas depois experimento o sentimento satisfeito de minha solidão e quase demonstro má consciência ao exigir ainda alguma coisa de outrem. Vejo os homens se diferenciarem pelas classes sociais e sei que nada as justifica a não ser pela violência. Sonho ser acessível e desejável para todos uma vida simples e natural, de corpo e de espírito.

Recuso-me a crer na liberdade e nesse conceito filosófico. Eu não sou livre, e sim às vezes constrangido por pressões estranhas a mim, outras vezes por convicções íntimas. Ainda jovem, fiquei impressionado pela máxima de Schopenhauer: "O homem pode, é certo, fazer o que quer, mas não pode querer o que quer;" e hoje, diante do espetáculo aterrador das injustiças humanas, essa moral me tranquiliza e me educa. Aprendo a tolerar aquilo que me faz sofrer. Suporto então melhor meu sentimento de responsabilidade. Ele já não me esmaga e deixo de me levar, a mim ou aos outros, a sério demais. Vejo então o mundo com bom humor. Não posso me preocupar com o sentido ou a finalidade de minha existência, nem da dos outros, porque, do ponto de vista estritamente objetivo, é absurdo. E no entanto, como homem, alguns ideais dirigem minhas ações e orientam meus juízos. Porque jamais considerei o prazer e a felicidade como um fim em si e deixo esse tipo de satisfação aos indivíduos reduzidos a instintos de grupo.

Em compensação, foram ideais que suscitaram meus esforços e me permitiram viver. Chamam-se o bem, a beleza, a verdade. Se não me identifico com outras sensibilidades semelhantes à minha e se não me obstino incansavelmente em perseguir esse ideal eternamente inacessível na arte e na ciência, a vida perde todo o sentido para mim. Ora, a humanidade se apaixona por finalidades irrisórias que têm por nome a riqueza, a glória, o luxo. Desde moço já as desprezava.

Tenho forte amor pela justiça, pelo compromisso social. Mas com muita dificuldade me integro com os homens e em suas comunidades. Não lhes sinto a falta porque sou profundamente um solitário. Sinto-me realmente ligado ao Estado, à pátria, a meus amigos, a minha família no sentido completo do termo. Mas meu coração experimenta, diante desses laços, curioso sentimento de estranheza, de afastamento, e a idade vem acentuando ainda mais essa distância. Conheço com lucidez e sem prevenção as fronteiras da comunicação e da harmonia entre mim e os outros homens. Com isso perdi algo da ingenuidade ou da inocência, mas ganhei minha independência. Já não mais firmo uma opinião, um hábito ou um julgamento sobre outra pessoa. Testei o homem. É inconsistente.

A virtude republicana corresponde a meu ideal político. Cada vida encarna a dignidade da pessoa humana, e nenhum destino poderá justificar uma exaltação qualquer de quem quer que seja. Ora, o acaso brinca comigo. Porque os homens me testemunham uma incrível e excessiva admiração e veneração. Não quero e não mereço nada. Imagino qual seja a causa profunda, mas quimérica, de seu sentimento. Querem compreender as poucas ideias que descobri. Mas a elas consagrei minha vida, uma vida inteira de esforço ininterrupto.

Fazer, criar, inventar exigem uma unidade de concepção, de direção e de responsabilidade. Reconheço essa evidência. Os cidadãos executantes, porém, não deverão nunca ser obrigados e poderão escolher sempre seu chefe.

Ora, bem depressa e inexoravelmente, um sistema autocrático de domínio se instala e o ideal republicano degenera. A violência fascina os seres moralmente mais fracos. Um tirano vence por seu gênio, mas seu sucessor será sempre um rematado canalha. Por essa razão, luto sem tréguas e apaixonadamente contra os sistemas dessa natureza, contra a Itália fascista de hoje e contra a Rússia soviética de hoje. A atual democracia na Europa naufraga e culpamos por esse naufrágio o desaparecimento da ideologia republicana. Aí vejo duas causas terrivelmente graves. Os chefes de governo não encarnam a estabilidade e o modo da votação se revela impessoal. Ora, creio que os Estados Unidos da América encontraram a solução para esse problema. Escolhem um presidente responsável eleito por quatro anos. Governa efetivamente e afirma de verdade seu compromisso. Em compensação, o sistema político europeu se preocupa mais com o cidadão, com o enfermo e o indigente. Nos mecanismos universais, o mecanismo Estado não se impõe como o mais indispensável. Mas é a pessoa humana, livre, criadora e sensível que modela o belo e exalta o sublime, ao passo que as massas continuam arrastadas por uma dança infernal de imbecilidade e de embrutecimento.

A pior das instituições gregárias se intitula exército. Eu o odeio. Se um homem puder sentir qualquer prazer em desfilar aos sons de música, eu desprezo esse homem... Não merece um cérebro humano, já que a medula espinhal o satisfaz. Deveríamos fazer desaparecer o mais depressa possível esse câncer da civilização. Detesto com todas as forças o heroísmo obrigatório, a violência gratuita e o nacionalismo débil. A guerra é a coisa mais desprezível que existe. Preferiria deixar-me assassinar a participar dessa ignomínia.

No entanto, creio profundamente na humanidade. Sei que esse câncer de há muito deveria ter sido extirpado. Mas o bom senso dos homens é sistematicamente corrompido. E os culpados são: escola, imprensa, mundo dos negócios, mundo político.

O mistério da vida me causa a mais forte emoção. É o sentimento que suscita a beleza e a verdade, cria a arte e a ciência. Se alguém não conhece essa sensação ou não pode mais experimentar espanto ou surpresa, já é um morto-vivo e seus olhos se cegaram. Aureolada de temor é a realidade secreta do mistério que constitui também a religião. Homens reconhecem então algo de impenetrável a suas inteligências, conhecem porém as manifestações dessa ordem suprema e da beleza inalterável. Homens se confessam limitados e seu espírito não pode apreender essa perfeição. E esse conhecimento e essa confissão tomam o nome de religião. Desse modo, mas somente desse modo, sou profundamente religioso, bem como esses homens. Não posso imaginar um Deus a recompensar e a castigar o objeto de sua criação. Não posso fazer ideia de um ser que sobreviva à morte do corpo. Se semelhantes ideias germinam em um espírito, para mim é ele um fraco, medroso e estupidamente egoísta.

Não me canso de contemplar o mistério da eternidade da vida. Tenho uma intuição da extraordinária construção do ser. Mesmo que o esforço para compreendê-lo fique sempre desproporcionado, vejo a razão se manifestar na vida.

Qual o sentido da vida?

Tem um sentido a minha vida? A vida de um homem tem sentido? Posso responder a tais perguntas se tenho espírito religioso. Mas "fazer tais perguntas tem sentido?" Respondo: "Aquele que considera sua vida e a dos outros sem qualquer sentido é fundamentalmente infeliz, pois não tem motivo algum para viver."

Como julgar um homem?

De acordo com uma única regra determino o autêntico valor de um homem: em que grau e com que finalidade o homem se libertou de seu Eu?

Para que as riquezas?

Todas as riquezas do mundo, ainda mesmo nas mãos de um homem inteiramente devotado à ideia do progresso, jamais trarão o menor desenvolvimento moral para a humanidade. Somente seres humanos excepcionais e irrepreensíveis suscitam ideias generosas e ações elevadas. Mas o dinheiro polui tudo e degrada sem piedade a pessoa humana. Não posso comparar a generosidade de um Moisés, de um Jesus ou de um Gandhi com a generosidade de uma Fundação Carnegie qualquer.

Comunidade e personalidade

Ao refletir sobre minha existência e minha vida social, vejo claramente minha estrita dependência intelectual e prática. Dependo integralmente da existência e da vida dos outros. E descubro ser minha natureza semelhante em todos os pontos à natureza do animal que vive em grupo. Como um alimento produzido pelo homem, visto uma roupa fabricada pelo homem, habito uma casa construída por ele. O que sei e o que penso, eu o devo ao homem. E para comunicá-los utilizo a linguagem criada pelo homem. Mas quem sou eu realmente, se minha faculdade de pensar ignora a linguagem? Sou, sem dúvida, um animal superior, mas sem a palavra a condição humana é digna de lástima.

Portanto reconheço minha vantagem sobre o animal nesta vida de comunidade humana. E, se um indivíduo fosse abandonado desde o nascimento, seria irremediavelmente um animal em seu corpo e em seus reflexos. Posso concebê-lo, mas não posso imaginá-lo.

Eu, enquanto homem, não existo somente como criatura individual, mas me descubro membro de uma grande comunidade humana. Ela me dirige, corpo e alma, desde o nascimento até a morte.

Meu valor consiste em reconhecê-lo. Sou realmente um homem quando meus sentimentos, pensamentos e atos têm uma única finalidade: a comunidade e seu progresso. Minha atitude social portanto determinará o juízo que têm sobre mim, bom ou mau.

Contudo, essa afirmação primordial não basta. Tenho de reconhecer nos dons materiais, intelectuais e morais da sociedade o papel excepcional, perpetuado por inúmeras gerações, de alguns homens criadores de gênio. Sim, um dia um homem utiliza o fogo pela primeira vez; sim, um dia ele cultiva plantas alimentícias; sim, ele inventa a máquina a vapor.

O homem solitário pensa sozinho e cria novos valores para a comunidade. Inventa assim novas regras morais e modifica a vida social. A personalidade criadora deve pensar e julgar por si mesma, porque o progresso moral da sociedade depende exclusivamente de sua independência. A não ser assim, a sociedade estará inexoravelmente votada ao malogro, e o ser humano privado da possibilidade de comunicar.

Defino uma sociedade sadia por esse laço duplo. Somente existe por seres independentes, mas profundamente unidos ao grupo. Assim, quando analisamos as civilizações antigas e descobrimos o desabrochar da cultura europeia no momento do Renascimento italiano, reconhecemos estar a Idade Média morta e ultrapassada, porque os escravos se libertam e os grandes espíritos conseguem existir.

Hoje, que direi da época, do estado, da sociedade e da pessoa humana? Nosso planeta chegou a uma população prodigiosamente aumentada se a comparamos às cifras do passado. Por exemplo, a Europa encerra três vezes mais habitantes do que há um século. Mas o número de personalidades criadoras diminuiu. E a comunidade não descobre mais esses seres de que tem necessidade essencial. A organização mecânica substituiu-se parcialmente ao homem inovador. Essa transformação se opera evidentemente no mundo tecnológico, mas já em proporção inquietadora também no mundo científico.

A falta de pessoas de gênio nota-se tragicamente no mundo estético. Pintura e música degeneram e os homens são menos sensíveis. Os chefes políticos não existem e os cidadãos fazem pouco caso de sua independência intelectual e da necessidade de um direito moral. As organizações comunitárias democráticas e parlamentares, privadas dos fundamentos de valor, estão decadentes em numerosos países. Então aparecem as ditaduras. São toleradas porque o respeito da pessoa e o senso social estão agonizantes ou já mortos.

Pouco importa em que lugar, em 15 dias, uma campanha da imprensa pode instigar uma população incapaz de julgamento a um tal grau de loucura, que os homens se prontificam a vestir a farda de soldado para matar e se deixarem matar. E seres maus realizam assim suas intenções desprezíveis. A dignidade da pessoa humana está irremediavelmente aviltada pela obrigação do serviço militar e nossa humanidade civilizada sofre hoje desse câncer. Por isso, os profetas, comentando esse flagelo, não cessam de anunciar a queda iminente de nossa civilização. Não faço parte daqueles futurólogos do Apocalipse, porque creio em um futuro melhor e vou justificar minha esperança.

A atual decadência, através dos fulminantes progressos da economia e da técnica, revela a amplidão do combate dos homens por sua existência. A humanidade aí perdeu o desenvolvimento livre da pessoa humana. Mas esse preço do progresso corresponde também a uma diminuição do trabalho. O homem satisfaz mais depressa as necessidades da comunidade. E a partilha científica do trabalho, ao se tornar obrigatória, dará a segurança ao indivíduo. Portanto, a comunidade vai renascer. Imagino os historiadores de amanhã interpretando nossa época. Diagnosticarão os sintomas de doença social como a prova dolorosa de um nascimento acelerado pelas bruscas mutações do progresso. Mas reconhecerão uma humanidade a caminho.

O Estado diante da causa individual

Faço a mim mesmo uma antiquíssima pergunta. Como proceder quando o Estado exige de mim um ato inadmissível e quando a sociedade espera que eu assuma atitudes que minha consciência rejeita? É clara minha resposta. Sou totalmente dependente da sociedade em que vivo. Portanto terei de submeter-me a suas prescrições. E nunca sou responsável por atos que executo sob uma imposição irreprimível.

Bela resposta! Observo que esse pensamento desmente com violência o sentimento inato de justiça. Evidentemente, o constrangimento pode atenuar em parte a responsabilidade. Mas não a suprime nunca. E, por ocasião do processo de Nuremberg, essa moral era sentida sem precisar de provas.

Ora, nossas instituições, nossas leis, costumes, todos os nossos valores se baseiam em sentimentos inatos de justiça. Existem e se manifestam em todos os homens. Mas as organizações humanas, caso não se apoiem e se equilibrem sobre a responsabilidade das comunidades, são impotentes. Devo despertar e sustentar esse sentimento de responsabilidade moral; é um dever em face da sociedade.

Hoje os cientistas e os técnicos estão investidos de uma responsabilidade moral particularmente pesada, porque o progresso das armas de extermínio maciço está entregue à sua competência. Por isso julgo indispensável a criação de uma "sociedade para a responsabilidade social na ciência". Esclareceria os problemas por discuti-los e o homem aprenderia a forjar para si um juízo independente sobre as opções que se lhe apresentarem. Ofereceria também um auxílio àqueles que têm uma necessidade imperiosa do mesmo. Porque os cientistas, uma vez que seguem a via de sua consciência, estão arriscados a conhecer cruéis momentos.

O bem e o mal

Em teoria, creio dever testemunhar o mais vivo interesse por alguns seres por terem melhorado o homem e a vida humana. Mas interrogo-me sobre a natureza exata de tais seres e vacilo. Quando analiso mais atentamente os mestres da política e da religião, começo a duvidar intensamente do sentido profundo de sua atividade. Será o bem? Será o mal? Em compensação, não sinto a menor hesitação diante de alguns espíritos que só procuram atos nobres e sublimes. Por isso apaixonam os homens e os exaltam, sem mesmo o perceberem. Descubro essa lei prática nos grandes artistas e depois nos grandes sábios. Os resultados da pesquisa não exaltam nem apaixonam. Mas o esforço tenaz para compreender e o trabalho intelectual para receber e para traduzir transformam o homem.

Quem ousaria avaliar o Talmude em termos de quociente intelectual?

Religião e ciência

Todas as ações e todas as imaginações humanas têm em vista satisfazer as necessidades dos homens e trazer lenitivo a suas dores. Recusar essa evidência é não compreender a vida do espírito e seu progresso. Porque experimentar e desejar constituem os impulsos primários do ser, antes mesmo de considerar a majestosa criação desejada. Sendo assim, que sentimentos e condicionamentos levaram os homens a pensamentos religiosos e os incitaram a crer, no sentido mais forte da palavra? Descubro logo que as raízes da ideia e da experiência religiosa se revelam múltiplas. No primitivo, por exemplo, o temor suscita representações religiosas para atenuar a angústia da fome, o medo das feras, das doenças e da morte. Neste momento da história da vida, a compreensão das relações causais mostra-se limitada e o espírito humano tem de inventar seres mais ou menos à sua imagem. Transfere para a vontade e o poder deles as experiências dolorosas e trágicas de seu destino. Acredita mesmo poder obter sentimentos propícios desses seres pela realização de ritos ou de sacrifícios. Porque a memória das gerações passadas lhe faz crer no poder propiciatório do rito para alcançar as boas graças de seres que ele próprio criou.

A religião é vivida antes de tudo como angústia. Não é inventada, mas essencialmente estruturada pela casta sacerdotal, que institui o papel de intermediário entre seres temíveis e o povo, fundando assim sua hegemonia. Com frequência o chefe, o monarca ou uma classe privilegiada, de acordo com os elementos de seu poder e para salvaguardar a soberania temporal, se arrogam as funções sacerdotais. Ou, então, entre a casta política dominante e a casta sacerdotal se estabelece uma comunidade de interesses.

Os sentimentos sociais constituem a segunda causa dos fantasmas religiosos. Porque o pai, a mãe ou o chefe de imensos grupos humanos, todos enfim, são falíveis e mortais. Então a paixão do poder, do amor e da forma impele a imaginar um conceito moral ou social de Deus. Deus-Providência, ele preside ao destino, socorre, recompensa e castiga. Segundo a imaginação humana, esse Deus-Providência ama e favorece a tribo, a humanidade, a vida, consola na adversidade e no malogro, protege a alma dos mortos. É esse o sentido da religião vivida de acordo com o conceito social ou moral de Deus. Nas Sagradas Escrituras do povo judeu manifesta-se claramente a passagem de uma religião-angústia para uma religião-moral. As religiões de todos os povos civilizados, particularmente dos povos orientais, se manifestam basicamente morais. O progresso de um grau ao outro constitui a vida dos povos. Por isso desconfiamos do preconceito que define as religiões primitivas como religiões de angústia e as religiões dos povos civilizados como morais. Todas as simbioses existem, mas a religião-moral predomina onde a vida social atinge um nível superior. Esses dois tipos de religião traduzem uma ideia de Deus pela imaginação do homem. Somente indivíduos particularmente ricos, comunidades particularmente sublimes se esforçam por ultrapassar essa experiência religiosa. Todos, no entanto, podem atingir a religião em um último grau, raramente acessível em sua pureza total. Dou a isso o nome de religiosidade cósmica e não posso falar dela com facilidade já que se trata de uma noção muito nova, à qual não corresponde conceito algum de um Deus antropomórfico.

O ser experimenta o nada das aspirações e vontades humanas, descobre a ordem e a perfeição onde o mundo da natureza corresponde ao mundo do pensamento. A existência individual é vivida então como uma espécie de prisão e o ser deseja provar a totalidade do Ente como um todo perfeitamente inteligível. Notam-se exemplos dessa religião cósmica nos primeiros momentos da evolução em alguns salmos de Davi ou em alguns profetas. Em grau infinitamente mais elevado, o budismo organiza os dados do cosmos, que os maravilhosos textos de Schopenhauer nos ensinaram a decifrar. Ora, os gênios religiosos de todos os tempos se distinguiram por essa religiosidade ante o cosmos. Ela não tem dogmas nem Deus concebido à imagem do homem, portanto nenhuma Igreja ensina a religião cósmica. Temos também a impressão de que os hereges de todos os tempos da história humana se nutriam com essa forma superior de religião. Contudo, seus contemporâneos muitas vezes os tinham por suspeitos de ateísmo, e às vezes, também, de santidade. Considerados desse ponto de vista, homens como Demócrito, Francisco de Assis e Spinoza se assemelham profundamente.

Como poderá comunicar-se de homem a homem essa religiosidade, uma vez que não pode chegar a nenhum conceito determinado de Deus, a nenhuma teologia? Para mim, o papel mais importante da arte e da ciência consiste em despertar e manter desperto o sentimento dela naqueles que lhe estão abertos. Estamos começando a conceber a relação entre a ciência e a religião de um modo totalmente diferente da concepção clássica. A interpretação histórica considera adversários irreconciliáveis ciência e religião, por uma razão fácil de ser percebida. Aquele que está convencido de que a lei causal rege todo acontecimento não pode absolutamente encarar a ideia de um ser a intervir no processo cósmico, que lhe permita refletir seriamente sobre a hipótese da causalidade. Não pode encontrar um lugar para um Deus-angústia, nem mesmo para uma religião social ou moral: de modo algum pode conceber um Deus que recompensa e castiga, já que o homem age segundo leis rigorosas internas e externas, que lhe proíbem rejeitar a responsabilidade sobre a hipótese-Deus, do mesmo modo que um objeto inanimado é irresponsável por seus movimentos. Por esse motivo, a ciência foi acusada de prejudicar a moral. Coisa absolutamente injustificável. E, como o comportamento moral do homem se fundamenta eficazmente sobre a simpatia ou os compromissos sociais, de modo algum implica uma base religiosa. A condição dos homens seria lastimável se tivessem de ser domados pelo medo do castigo ou pela esperança de uma recompensa depois da morte.

É portanto compreensível que as Igrejas tenham, em todos os tempos, combatido a ciência e perseguido seus adeptos. Mas eu afirmo com todo o vigor que a religião cósmica é o móvel mais poderoso e mais generoso da pesquisa científica. Somente aquele que pode avaliar os gigantescos esforços e, antes de tudo, a paixão sem os quais as criações intelectuais científicas inovadoras não existiriam pode pesar a força do sentimento, único a criar um trabalho totalmente desligado da vida prática. Que confiança profunda na inteligibilidade da arquitetura do mundo e que vontade de compreender, nem que seja uma parcela minúscula da inteligência a se desvendar no mundo, deviam animar Kepler e Newton para que tenham podido explicar os mecanismos da mecânica celeste, por um trabalho solitário de muitos anos. Aquele que só conhece a pesquisa científica por seus efeitos práticos vê depressa demais e incompletamente a mentalidade de homens que, rodeados de contemporâneos céticos, indicaram caminhos aos indivíduos que pensavam como eles. Ora, eles estão dispersos no tempo e no espaço. Aquele que devotou sua vida a idênticas finalidades é o único a possuir uma imaginação compreensiva desses homens, daquilo que os anima, lhes insufla a força de conservar seu ideal, apesar de inúmeros malogros. A religiosidade cósmica prodigaliza tais forças. Um contemporâneo declarava, não sem razão, que em nossa época, instalada no materialismo, reconhece-se nos sábios escrupulosamente honestos os únicos espíritos profundamente religiosos.

A RELIGIOSIDADE DA PESQUISA

O espírito científico, fortemente armado com seu método, não existe sem a religiosidade cósmica. Ela se distingue da crença das multidões ingênuas que consideram Deus um Ser de quem esperam benignidade e do qual temem o castigo — uma espécie de sentimento exaltado da mesma natureza que os laços do filho com o pai —, um ser com quem também estabelecem relações pessoais, por respeitosas que sejam.

Mas o sábio, bem-convencido da lei de causalidade de qualquer acontecimento, decifra o futuro e o passado submetidos às mesmas regras de necessidade e determinismo. A moral não lhe suscita problemas com os deuses, mas simplesmente com os homens. Sua religiosidade consiste em espantar-se, em extasiar-se diante da harmonia das leis da natureza, revelando uma inteligência tão superior que todos os pensamentos humanos e todo o seu engenho não podem desvendar, diante dela, a não ser seu nada irrisório. Esse sentimento desenvolve a regra dominante de sua vida, de sua coragem, na medida em que supera a servidão dos desejos egoístas. Indubitavelmente, esse sentimento se compara àquele que animou os espíritos criadores religiosos em todos os tempos.

Paraíso perdido

Ainda no século XVII, os cientistas e os artistas de toda a Europa mostram-se ligados por um ideal estreitamente comum de tal forma que sua cooperação mal se via influenciada pelos acontecimentos políticos. O uso universal da língua latina ajudava a consolidar essa comunidade. Pensamos hoje nessa época como um paraíso perdido. Depois, as paixões nacionais destruíram a comunidade dos espíritos, e o laço unitário da linguagem desapareceu. Os cientistas, instalados, responsáveis por tradições nacionais exaltadas ao máximo, chegaram mesmo a assassinar a comunidade.

Hoje estamos envolvidos numa evidência catastrófica: os políticos, esses homens dos resultados práticos, se apresentam como os campeões do pensamento internacional. Criaram a Sociedade das Nações!

Necessidade da cultura moral

Sinto necessidade de dirigir à vossa "Sociedade para a cultura moral", por ocasião de seu jubileu, votos de prosperidade e de sucesso.

Não é, na verdade, a ocasião de recordar com satisfação aquilo que um esforço sincero obteve no domínio da moral, no espaço de 75 anos. Porque não se pode sustentar que a formação moral da vida humana seja mais perfeita hoje do que em 1876.

Predominava então a opinião de que tudo se podia esperar da explicação dos fatos científicos verdadeiros e da luta contra os preconceitos e a superstição. Sim, isso justificava plenamente a vida e o combate dos melhores. Nesse sentido, muito se adquiriu nestes 75 anos, e muito se propagou graças à literatura e ao teatro.

Mas fazer desaparecer obstáculos não conduz automaticamente ao progresso moral da existência social e individual. Essa ação negativa exige, além disso, uma vontade positiva para a organização moral da vida coletiva. Essa dupla ação, de extrema importância, arrancar as más raízes e implantar nova moral, constituirá a vida social da humanidade. Aqui a ciência não pode nos libertar. Creio mesmo que o exagero da atitude ferozmente intelectual, severamente orientada para o concreto e o real, fruto de nossa educação, representa um perigo para os valores morais. Não penso nos riscos inerentes aos progressos da tecnologia humana, mas na proliferação de intercâmbios intelectuais mediocremente materialistas, como um gelo a paralisar as relações humanas.

A arte, mais do que a ciência, pode desejar e esforçar-se por atingir o aperfeiçoamento moral e estético. A compreensão de outrem somente progredirá com a partilha de alegrias e sofrimentos. A atividade moral implica a educação dessas impulsões profundas, e a religião se vê com isso purificada de suas superstições. O terrível dilema da situação política explica-se por esse pecado de omissão de nossa civilização. Sem cultura moral, nenhuma saída para os homens.

Fascismo e ciência

Carta ao ministro Rocco, em Roma

"Senhor e mui digno colega,

Dois homens, dos mais notáveis e mais afamados dentre os cientistas italianos, dirigem-se a mim em sua angústia moral e rogam-me que vos escreva a fim de evitar a cruel iniquidade que ameaça os sábios da Itália.

De fato, deveriam prestar um juramento em que se exalta a fidelidade ao sistema fascista. Eu vos peço, portanto, que aconselheis o senhor Mussolini no sentido de que se evite essa humilhação para a nata da inteligência italiana.

Apesar das diferenças de nossas convicções políticas, um ponto fundamental, eu sei, nos reúne: ambos conhecemos e amamos, nas obras-primas do desenvolvimento intelectual europeu, os valores supremos. Eles exigem liberdade de opinião e liberdade de ensino porque a luta pela verdade deve ter precedência sobre todas as outras lutas. Sobre esse fundamento essencial, nossa civilização pôde nascer na Grécia e celebrar sua ressurreição no tempo da Renascença na Itália. É um Bem supremo, pago pelo sangue dos mártires, esses homens íntegros e generosos. A Itália hoje é amada e honrada, graças a eles.

Não é minha intenção discutir convosco os danos causados à liberdade humana e as possibilidades de justificação pela razão de Estado. Mas o combate pela verdade científica, afastado dos problemas concretos da vida cotidiana, deveria ser considerado intocável pelo poder político. Não será de bom aviso deixar que os servidores sinceros da verdade vivam em paz o tempo necessário? Não será também esse o interesse do Estado italiano e de sua reputação no mundo?"

Liberdade de ensino... A respeito do caso Gumbel

Há muitas cátedras, mas poucos professores prudentes e generosos. Há muitos grandes anfiteatros, mas poucos jovens sinceramente desejosos de verdade e de justiça. A natureza fornece muitos produtos medíocres e raramente produtos mais finos.

Bem o sabemos, que adiantam queixas? Sempre foi assim e assim será sempre. É preciso aceitar a natureza como é. Mas, ao mesmo tempo, cada época e cada geração elaboram sua maneira de pensar, transmitem-na e constituem, assim, as marcas características de uma comunidade. Por isso cada um deve participar na elaboração do espírito de seu tempo.

Comparemos o espírito da juventude universitária alemã de há cem anos com a de hoje. Naquela época acreditava-se na melhoria da sociedade humana, julgava-se de boa-fé cada opinião e praticava-se aquela tolerância, vivida nos conflitos narrados por nossos autores clássicos. Ambicionava-se então maior unidade política, seu nome era a Alemanha. A juventude universitária e os mestres do pensamento viviam desses ideais.

Hoje, da mesma forma, tende-se para o progresso social, acredita-se na tolerância e na liberdade, procura-se maior unidade política, a Europa. Mas hoje a juventude universitária não mais corresponde nem às esperanças e ideais do povo nem dos mestres do pensamento. Todo observador de nossa época, sem paixão nem preconceito, tem de reconhecê-lo.

Hoje estamos reunidos para nos interrogar sobre nós mesmos. O motivo do encontro chama-se o caso Gumbel. Porque esse homem, cheio do espírito de justiça, com um zelo inalterável, grande coragem e exemplar objetividade, escreveu sobre um crime político não expiado. Por suas obras presta assim imenso serviço à comunidade. Mas hoje sabemos que esse homem foi atacado pelos estudantes e em parte pelo corpo docente de sua universidade.

Tentam mesmo excluí-lo. Desencadeia-se a paixão política. Ora, eu assumo a responsabilidade pelo que digo: quem quer que leia as obras de H. Gumbel com retidão de espírito sentirá as mesmas impressões que eu próprio senti. Temos precisão de personalidades como a sua, se quisermos constituir uma comunidade política sadia.

Que cada um reflita em sua alma e sua consciência, que chegue a uma ideia baseada nas próprias leituras e não nas conversas dos outros.

Que se proceda assim, e o caso Gumbel, após um início pouco glorioso, não deixará de servir à boa causa.

Métodos modernos de inquisição

O problema que os intelectuais deste país têm de enfrentar parece muito grave. Os políticos reacionários, agitando o espectro de um perigo externo, conseguiram sensibilizar a opinião pública contra todas as atividades dos intelectuais. Graças a esse primeiro sucesso, tentam agora proibir a liberdade do ensino e expulsar de seu posto os recalcitrantes. Isso se chama aniquilar alguém pela fome.

Que deve fazer a minoria intelectual contra esse mal? Só vejo uma única saída possível: a revolucionária, da desobediência, a da recusa a colaborar, a de Gandhi. Cada intelectual, citado diante de uma comissão, deveria negar-se a responder. O que equivaleria a estar pronto a deixar-se prender, a deixar-se arruinar financeiramente, em resumo, a sacrificar seus interesses pessoais pelos interesses culturais do país.

A recusa não deveria fundar-se sobre o artifício bem conhecido de objeção de consciência. Mas um cidadão irrepreensível não aceita submeter-se a uma tal inquisição, em total infração do espírito da constituição. E, se alguns intelectuais se manifestarem, bastante corajosos para escolher esse caminho heroico, eles triunfarão. A não ser assim, os intelectuais deste país não merecem coisa melhor do que a escravidão que lhes está prometida.

Educação em vista de um pensamento livre

Não basta ensinar ao homem uma especialidade. Porque se tornará assim uma máquina utilizável, mas não uma personalidade. É necessário que adquira um sentimento, um senso prático daquilo que vale a pena ser empreendido, daquilo que é belo, do que é moralmente correto. A não ser assim, ele se assemelhará, com seus conhecimentos profissionais, mais a um cão ensinado do que a uma criatura harmoniosamente desenvolvida. Deve aprender a compreender as motivações dos homens, suas quimeras e suas angústias para determinar com exatidão seu lugar exato em relação a seus próximos e à comunidade.

Essas reflexões essenciais, comunicadas à jovem geração graças aos contatos vivos com os professores, de forma alguma se encontram escritas nos manuais. É assim que se expressa e se forma de início toda a cultura. Quando aconselho com ardor "As Humanidades", quero recomendar essa cultura viva, e não um saber fossilizado, sobretudo em história e filosofia.

Os excessos do sistema de competição e de especialização prematura, sob o falacioso pretexto de eficácia, assassinam o espírito, impossibilitam qualquer vida cultural e chegam a suprimir os progressos nas ciências do futuro. É preciso, enfim, tendo em vista a realização de uma educação perfeita, desenvolver o espírito crítico na inteligência do jovem. Ora, a sobrecarga do espírito pelo sistema de notas entrava e necessariamente transforma a pesquisa em superficialidade e falta de cultura. O ensino deveria ser assim: quem o receba o recolha como um dom inestimável, mas nunca como uma obrigação penosa.

Educação/educador

Muito cara senhorita,

Li cerca de 16 páginas de seu manuscrito que me causou prazer. Tudo ali, inteligente, bem-aprendido, muito justo, em certo sentido independente, mas ao mesmo tempo tão feminino, quer dizer, dependente e eivado de ressentimentos. Eu também fui tratado de igual maneira por meus professores, que não gostavam de minha independência e esqueciam-se de mim quando tinham necessidade de assistentes. (Confesso mesmo que, estudante, era mais negligente do que a senhora.) Todavia não seria útil escrever fosse o que fosse sobre esse período de minha vida e não me agradaria assumir a responsabilidade de impelir alguém a imprimi-lo ou a lê-lo. Não tem graça nenhuma queixar-se de outrem, se o nosso próximo encara a vida de modo bem diferente.

Desista de ajustar contas com um passado desagradável e guarde o manuscrito para seus filhos. Eles se alegrarão e pouco lhes importará o que dizem ou pensam seus professores.

Enfim, estou em Princeton apenas para a pesquisa científica e não para a pedagogia. Preocupam-se demais com ela, principalmente nas escolas americanas. Ora, não existe outra educação inteligente senão aquela em que se toma a si próprio como um exemplo, ainda quando não se possa impedir que esse modelo seja um monstro!

Aos alunos japoneses

Meus cumprimentos a vocês, alunos japoneses, e tenho razões especiais para fazê-lo. De fato, visitei pessoalmente o belo país de vocês, suas cidades, suas casas, montanhas e florestas, e aí vi as crianças japonesas descobrirem o amor da pátria. Tenho sempre sobre minha mesa um grosso livro cheio de desenhos coloridos por vocês.

Quando receberem esta carta, de tão longe, meditem simplesmente sobre esta ideia. Nossa época dá a possibilidade da colaboração entre homens de diferentes países, num espírito fraterno e compreensivo. Antigamente os povos viviam sem se conhecerem mutuamente, tinham receio uns dos outros ou até mesmo odiavam-se reciprocamente. Que o sentimento de compreensão fraterna lance cada vez maiores raízes nos povos. Eu, o velho, e de muito longe, saúdo os alunos japoneses: possa sua geração nos humilhar um dia!

Mestres e alunos

Alocução a meninos

É tarefa essencial do professor despertar a alegria de trabalhar e de conhecer. Caros meninos, como estou feliz por vê-los hoje diante de mim, juventude alegre de um país ensolarado e fecundo.

Pensem que todas as maravilhas, objetos de seus estudos, são a obra de muitas gerações, uma obra coletiva que exige de todos um esforço-entusiasta e um labor difícil e impreterível. Tudo isso, nas mãos de vocês, se torna uma herança. Vocês a recebem, respeitam-na, aumentam-na e, mais tarde, irão transmiti-la fielmente à sua descendência. Desse modo somos mortais imortais, porque criamos juntos obras que nos sobrevivem.

Se refletirem seriamente sobre isso, encontrarão um sentido para a vida e para seu progresso. E o julgamento que fizerem sobre os outros homens e as outras épocas será mais verdadeiro.

Os cursos de estudos superiores de Davos

Senatores boni viri, senatus autem bestia. Um professor suíço meu amigo escrevia um dia, desse modo engraçado, a uma faculdade universitária que o havia irritado. As comunidades se preocupam muito menos com os problemas de responsabilidade e de consciência do que os indivíduos. Ora, os acontecimentos, as guerras, as repressões de toda espécie traumatizam a humanidade sofredora, queixosa, exasperada.

E, no entanto, somente uma cooperação para além dos sentimentos poderia estabelecer algo de valor. A maior alegria para um amigo dos homens está aqui: à custa de terríveis sofrimentos, organiza-se um empreendimento coletivo com o único objetivo de desenvolver a vida e a civilização.

Essa alegria imensa foi-me oferecida quando ouvi falar dos cursos de estudos superiores em Davos, desta obra de salvamento, inteligentemente concebida e habilmente dirigida, que corresponde a uma grave necessidade não percebida de imediato. Com efeito, muitos jovens vêm para aqui, para este vale maravilhosamente batido de sol, para reencontrar a saúde. Afastado, porém, dos estudos e de sua disciplina fortificante, entregue a desânimos depressivos, o doente perde paulatinamente seu dinamismo mental, e o sentimento de sua função essencial na luta pela vida. Torna-se de certa maneira uma planta de estufa e, mesmo depois da cura do corpo, dificilmente reencontra a via da normalidade. É esse o caso da juventude estudantil. A ruptura do treino intelectual em anos decisivos para a formação provoca um atraso, dificilmente recuperável mais tarde.

Contudo, em geral, um trabalho intelectual moderado não prejudica a saúde. Chega mesmo a prestar serviço, indiretamente, de certo modo à semelhança de um exercício físico razoável. Foram portanto esses cursos de ensino superior criados nesse espírito. De acordo com essa convicção ambicionam para vocês uma formação profissional preparatória, mas também um novo estímulo para a atividade. O programa intelectual propõe um trabalho, um método e regras de vida.

Não se esqueçam de que esta instituição, em medida muito apreciável, contribui para estabelecer relações entre homens de nações diferentes, para fortalecer o sentimento de pertencerem a uma determinada comunidade. Nesse sentido, a eficácia da nova instituição se manifesta ainda mais proveitosa porque as circunstâncias de sua criação sublinham bastante a recusa a qualquer posição política. Serve-se mais à causa da compreensão internacional na medida em que se participa de uma obra que promova a vida.

Para mim é uma alegria refletir sobre esse programa. Porque a energia e a inteligência presidiram à criação dos Cursos de Ensino Superior de Davos e o empreendimento já ultrapassou o cabo das dificuldades inerentes a cada fundação. Possam eles prosperar, oferecer a muitos um enriquecimento interior, e suprimir assim a severidade da vida no sanatório.

ALOCUÇÃO PRONUNCIADA JUNTO AO TÚMULO DE H.A. LORENTZ (1853-1928)

Representando os sábios do país de língua alemã, de modo especial a Academia das Ciências da Prússia, mas sobretudo discípulo e admirador entusiasta, eis-me diante do túmulo do mais excepcional e mais generoso de nossos contemporâneos. Seu luminoso espírito esclareceu o laço entre a teoria de Maxwell e as criações da física atual, para a qual contribuiu com importantes trabalhos em que impôs resultados e sobretudo seus métodos.

Viveu sua vida com uma perfeição minuciosa, como uma obra-prima de enorme valor. Incansavelmente, sua bondade, magnanimidade e senso de justiça, junto com uma intuição fulgurante sobre os homens e as situações, fizeram dele, onde quer que trabalhasse, o Mestre. Todos o escutavam com alegria, pois compreendiam que não procurava impor-se, mas servir. Sua obra, seu exemplo continuarão a agir para esclarecer e guiar as gerações.

A AÇÃO DE H.A. LORENTZ A SERVIÇO DA COOPERAÇÃO INTERNACIONAL

Com a enorme especialização causada pela pesquisa científica e imposta pelo século XIX, é muito raro que individualidades de primeira plana em seu campo específico tenham a possibilidade e a coragem de prestar eminentes serviços à comunidade no nível das instâncias políticas internacionais. Pois isso implica uma grande capacidade de trabalho, inteligência viva e reputação fundada em trabalhos de grande envergadura. Exige também uma independência em relação a preconceitos nacionais, bem rara em nossos dias e, por fim, grande devotamento às metas comuns a todos. Jamais conheci alguém que tivesse unido todas essas qualidades e de modo tão exemplar quanto H.A. Lorentz. Mas sua ação espantosa revela ainda um outro mérito: personalidades independentes e de temperamento decidido, com frequência as encontramos entre os sábios; elas não se inclinam com facilidade diante de uma autoridade estranha e não se deixam facilmente comandar. Mas, quando Lorentz exerce as funções de presidente, estabelece-se então um clima de alegre cooperação, mesmo se os homens reunidos se separam quanto às intenções e aos modos de pensar. O segredo desse sucesso não se explica unicamente pela compreensão imediata dos seres e dos feitos ou pelo absoluto domínio da expressão; mas, antes de tudo, percebe-se que H.A. Lorentz está todo entregue ao serviço em questão e unicamente preocupado com essa necessidade. Nada desarma tanto os intratáveis quanto agir desse modo.

Antes da guerra, a atividade de H.A. Lorentz a serviço das relações internacionais limitava-se às presidências dos congressos de física. Recordemo-nos dos dois congressos Solvay, realizados em Bruxelas (1909-1911). Depois veio a guerra europeia, o golpe mais terrível que se podia conceber para aqueles que se preocupavam com o progresso das relações humanas. Já durante a guerra, e mais ainda depois de terminada, Lorentz trabalhou pela reconciliação internacional. Seus esforços visavam em particular ao restabelecimento das cooperações proveitosas e amigáveis de sábios e de sociedades científicas. Quem não conhece uma empresa dessas não pode imaginar sua dificuldade. Os rancores, nascidos da guerra, se perpetuam, e muitos homens influentes se aferram a posições irreconciliáveis a que se deixaram levar pela pressão dos acontecimentos. O esforço de Lorentz parece com o do médico: tem de tratar de um doente indócil que recusa tomar os medicamentos cuidadosamente preparados para sua cura.

Mas H.A. Lorentz não desiste uma vez que reconheceu a exatidão de uma atitude. Imediatamente depois da guerra, participa da direção do "Conselho de Pesquisa" fundado pelos sábios das potências vitoriosas, com a exclusão dos sábios e dos corpos científicos das potências centrais. Por essa medida, criticada pelos sábios das potências centrais, ele tinha em vista influir sobre essa instituição para que ela se tornasse, ao crescer, real e eficazmente internacional. Após repetidos esforços, conseguiu, junto com outros sábios que aderiram à mesma política, fazer suprimir dos estatutos do Conselho o tristemente célebre parágrafo da exclusão dos sábios dos países vencidos. Sua meta, porém, o restabelecimento de uma cooperação normal e frutuosa dos sábios e das sociedades científicas, não foi ainda atingida porque os sábios das potências centrais, ressentidos por haverem sido durante dez anos eliminados de todas as organizações científicas internacionais, tomaram por hábito uma prudente reserva. Há ainda uma esperança viva: os esforços de Lorentz, desejo de conciliação mas também compreensão do interesse superior, irão conseguir dissipar os mal-entendidos.

Finalmente, H.A. Lorentz emprega suas forças de outra maneira a serviço dos objetivos intelectuais internacionais. Aceita ser eleito para a comissão de cooperação intelectual internacional da S.D.N., criada, há cinco anos, sob a presidência de Bergson. Há um ano, H.A. Lorentz a está presidindo e, com o apoio eficaz do Instituto de Paris, sempre sob sua direção, orienta uma mediação ativa entre diversos centros culturais no campo intelectual e artístico. Ainda aqui, a efetiva influência de sua personalidade inteligente, acolhedora e simples permitirá manter o bom rumo. Sua divisa, sem discursos mas em atos, diz: "não dominar, mas servir"!

Que seu exemplo contribua para que seja esse o clima intelectual!

H.A. Lorentz, criador e personalidade

No início do século, H.A. Lorentz foi considerado pelos físicos teóricos de todos os países como um mestre e com toda a razão. Os físicos das novas gerações não chegam a perceber exatamente o papel decisivo de H.A. Lorentz na elaboração das ideias fundamentais para a teoria física. É incompreensível, mas é verdade! Insensivelmente, as ideias fundamentais de Lorentz se nos tornaram tão familiares que nos esquecemos de sua força inovadora e da simplificação das teorias elementares, tornada possível graças a elas.

Quando H.A. Lorentz começou, a teoria do eletromagnetismo de Maxwell estava se impondo. Mas essa teoria apresentava curiosa complexidade dos elementos de base, a ponto de esconder os traços essenciais. A noção de campo substituíra a de ação a distância, e os campos elétrico e magnético não eram ainda considerados realidades primitivas, mas antes como momentos da matéria ponderal que se tratava como contínuos. Por conseguinte, o campo elétrico parecia se decompor em vetor da força do campo elétrico e vetor da deslocação dielétrica. Esses dois campos eram, na hipótese mais simples, ligados pela constante dielétrica; foram, porém, em princípio, considerados e tratados como realidades independentes. O mesmo acontecia com o campo magnético. De acordo com essa concepção fundamental, tratava-se o espaço vazio como um caso especial da matéria ponderal em que a relação entre força de campo e deslocamento aparecia particularmente simples. Daí a consequência de que o campo elétrico e o campo magnético não podiam ser considerados independentes do estado de movimento da matéria, vista como portadora do campo.

Após estudo da pesquisa de H. Hertz sobre a eletrodinâmica dos corpos em movimento, perceber-se-á melhor e mais sinteticamente a concepção da eletrodinâmica de Maxwell, que então prevalecia.

É aí que a inteligência de H.A. Lorentz se manifesta com toda a eficácia. Ajuda-nos a progredir e a nos ultrapassar. Com uma lógica cerrada, apoia seu raciocínio nas seguintes hipóteses: a sede do campo eletromagnético é o espaço vazio. Nesse espaço somente há *um único* vetor do campo elétrico e um único vetor do campo magnético. Esse campo é produzido pelas cargas elétricas atômicas sobre as quais o campo exerce, por sua vez, as forças pôndero-motrizes. Uma ligação do campo eletromotor com a matéria ponderal somente se produz porque as cargas elementares elétricas estão rigidamente ligadas às partículas atômicas da matéria. Mas, para a matéria, a lei do movimento de Newton continua válida.

Nessa base assim simplificada, Lorentz funda uma teoria completa de todos os fenômenos eletromagnéticos então conhecidos, bem como os da eletrodinâmica dos corpos em movimento. É uma obra de lógica extrema, muito clara e muito bela. Resultados assim, em ciência experimental, raramente são alcançados. O único fenômeno não explicável pela teoria, isto é, sem hipóteses suplementares, chama-se então a célebre experiência Michelson-Morley. Ora, sem a localização do campo eletromagnético no espaço vazio, essa experiência não pode levar à teoria da relatividade restrita. O progresso decisivo consiste em aplicar as equações de Maxwell ao espaço vazio ou, como se dizia então, ao éter.

H.A. Lorent chegou mesmo a encontrar a transformação que tem seu nome, "transformação de Lorentz", sem aí observar caracteres de grupo. Para ele, as equações de Maxwell para o espaço vazio só eram aplicáveis em um determinado sistema de coordenadas, aquele que parecia distinguir-se por seu repouso em relação a todos os outros sistemas de coordenadas. Isso apresentava uma situação verdadeiramente paradoxal, porque a teoria parecia restringir o sistema de inércia ainda mais estreitamente do que a mecânica clássica. Essa circunstância inexplicável do ponto de vista empírico *devia* conduzir à teoria da relatividade restrita.

Graças ao convite amigo da Universidade de Leyde, por várias vezes estive nessa cidade e sempre me hospedava em casa de meu caro e inesquecível amigo Paul Ehrenfest. Tive assim a oportunidade de assistir às conferências de Lorentz para um pequeno círculo de jovens colegas, quando já se havia aposentado do ensino geral. Tudo quanto vinha desse espírito superior era claro e belo como uma obra de arte e tinha-se a impressão de que seu pensamento se expressava com facilidade e clareza. Jamais tornei a viver semelhante experiência. Se nós, os jovens, não houvéssemos conhecido H.A. Lorentz a não ser como um espírito particularmente lúcido, nossa admiração e estima já seriam extremas. Mas o que eu sinto ao pensar em Lorentz é coisa totalmente diferente. Para mim, pessoalmente, valia mais do que todos os outros que encontrei em minha vida.

Ele dominava a física e a matemática e, de igual maneira, dominava-se a si mesmo sem dificuldade e com serenidade constante. Nele a ausência de fraqueza humana jamais deprimia seus semelhantes. Cada um sentia sua superioridade, mas ninguém se acabrunhava por isso. Embora tivesse grande intuição dos homens e das situações, conservava extrema cortesia. Jamais agia por constrangimento, mas por espírito de serviço e de auxílio mútuo. Extremamente consciencioso, concedia a cada coisa a importância devida, porém não mais. Seu temperamento muito alegre o protegia. Olhos e sorriso se divertiam. Apesar de totalmente devotado ao conhecimento científico, estava convencido de que nossa compreensão não pode ir muito longe na essência das coisas. Essa atitude, meio cética, meio humilde, só vim a compreendê-la verdadeiramente em idade mais avançada.

A linguagem, ou pelo menos a minha, não pode corresponder corretamente às exigências deste ensaio de reflexão a respeito de H.A. Lorentz. Queria então tentar lembrar-me de duas curtas sentenças de Lorentz. Elas tiveram sobre mim profunda influência: "Sou feliz por pertencer a uma nação pequena demais para cometer grandes loucuras." Em conversa, durante a Primeira Guerra Mundial, com um homem que tentava persuadi-lo de que os destinos se forjam pela força e pela violência, respondeu: "O senhor tem talvez razão, mas eu não gostaria de viver num universo assim."

Joseph Popper-Lynkaeus

Era mais do que um engenheiro e um escritor. Fazia parte daquelas poucas personalidades marcantes, alma e consciência de uma geração. Ele nos convenceu de que a sociedade é responsável pelo destino de cada indivíduo e nos mostrou como concretizar essa obrigação moral. A comunidade ou o Estado não encarnam verdadeiros símbolos, porque um direito se fundamenta deste modo: se o Estado exige uma abnegação do indivíduo, se tem esse direito, em compensação deve dar ao indivíduo a possibilidade de um desenvolvimento harmonioso.

Septuagésimo aniversário de Arnold Berliner

Gostaria de dizer aqui a meu amigo Arnold Berliner e aos leitores de sua revista *As Ciências da Natureza* por que o aprecio, a ele e a sua obra, de modo tão veemente; é aliás preciso que o diga aqui, senão não terei mais ocasião. Nossa educação objetiva tornou "tabu" tudo o que é pessoal e um homem só em circunstâncias excepcionais, como esta, pode transgredir essa regra.

Após ter-me justificado como agora, volto à terra no mundo objetivo. O campo dos fatos cientificamente analisados estendeu-se prodigiosamente e o conhecimento teórico aprofundou-se além do previsível. Mas a capacidade humana de compreensão é e sempre estará ligada a limites estreitos. Torna-se portanto inelutável que a atividade de um único pesquisador se reduza a um setor cada vez mais restrito em relação ao conjunto dos conhecimentos. Por conseguinte, toda especialização impossibilitaria uma simples compreensão geral do conjunto da ciência, indispensável no entanto para o vigor do espírito de pesquisa, e, por consequência, afastaria inexoravelmente outros progressos da evolução. Desse modo se constituiria uma situação análoga àquela descrita na Bíblia de modo simbólico pela história da torre de Babel. Um pesquisador sério experimenta um dia ou outro essa evidência dolorosa da limitação. Malgrado seu, vê o círculo de seu saber ir apertando-se cada vez mais. Perde então o senso das grandes arquiteturas e se transforma em operário cego num conjunto imenso.

Sentimos todos o esmagamento dessa servidão. Mas que fazer para libertar-nos? Surge Arnold Berliner e inventa para os países de língua alemã um instrumento de utilidade exemplar. Percebe que as publicações populares existentes bastavam para a vulgarização e o estímulo dos espíritos profanos. Mas entende que uma revista, sistematicamente dirigida com o máximo cuidado, se impõe para os conhecimentos científicos dos sábios. Estes querem conhecer e compreender a evolução dos problemas, os métodos e os resultados para poderem formar um juízo pessoal. Durante longos anos, persegue essa meta, inteligentemente, incansavelmente, e nos satisfez plenamente, a nós e à ciência. Jamais lhe seremos bastante reconhecidos por esse serviço.

Precisava obter a colaboração de autores científicos de renome, mas também obrigá-los a expor seu assunto da forma mais acessível, mesmo para um não iniciado. Por várias vezes falou-me sobre os problemas que devia resolver para chegar a sua meta e, um dia, definiu-me seu tipo de dificuldade por esta adivinhação: que é que é um autor científico? Resposta: "O cruzamento entre uma mimosa e um porco-espinho." A obra de Berliner existe porque tinha paixão pelas ideias claras nos domínios mais vastos. Esse desejo o estimulou durante toda a vida. Vontade apaixonada que o obrigou a compor com muita assiduidade, durante muito tempo, um tratado de física do qual um estudante de medicina dizia-me, há bem pouco tempo: "Sem este livro, não sei como teria podido compreender os princípios da física nova, levando em conta o tempo de que dispunha."

A luta de Berliner pelas sínteses claras permitiu-nos, de maneira especial, compreender ao vivo os problemas atuais, os métodos e os resultados das ciências. Sua revista continua sendo indispensável para a vida científica de nossos contemporâneos. Tornar vivo, manter vivo esse conhecimento é mais importante do que resolver um caso particular.

Saudações a G.B. Shaw

Raros são os espíritos com suficiente domínio de si mesmos para ver as fraquezas e loucuras de seus contemporâneos sem cair nas mesmas armadilhas. Esses solitários, porém, depressa perdem a coragem e a esperança de melhoria moral, porque aprenderam a conhecer a dureza dos homens. Somente a um pequenino número foi dado, por seu humor delicado, seu estado de graça, fascinar sua geração e apresentar a verdade sob o aspecto impessoal da forma artística. Saúdo hoje, com a mais viva simpatia, o maior mestre neste gênero. A todos nós ele encantou e instruiu.

B. Russell e o pensamento filosófico

Ao ser convidado pela redação para escrever alguma coisa sobre Bertrand Russell, minha admiração e estima por ele me impeliram a aceitar imediatamente. À leitura de suas obras devo inúmeros momentos de satisfação, o que — exceção feita de Thorstein Veblen — não posso dizer de nenhum outro escritor científico contemporâneo. Mas bem depressa verifiquei que era mais fácil prometer do que cumprir. Ora, prometi escrever algumas ideias sobre Russell filósofo e teórico do conhecimento. E quando comecei a redigir, cheio de confiança, verifiquei logo em que terreno escorregadio me aventurava. Porque sou um escritor inexperiente, só me arriscando com prudência até aqui a falar sobre física. Para o iniciado, portanto, a maior parte de meu artigo poderá parecer pueril; reconheço-o de antemão. Mas um pensamento me consola. Quem fez a experiência de pensar em outro domínio sobrepuja sempre aquele que não pensa de modo algum ou muito pouco.

Na história da evolução do pensamento filosófico através dos séculos, uma questão vem sempre em primeiro lugar: que conhecimentos o pensamento puro, independente das impressões sensoriais, pode oferecer? Será que tais conhecimentos existem? Do contrário, que relação estabelecer entre nosso conhecimento e a matéria bruta, origem de nossas impressões sensíveis? A essas questões e algumas outras estreitamente relacionadas corresponde uma desordem de opiniões filosóficas, absolutamente inimagináveis. Ora, nessa progressão de esforços meritórios, mas relativamente ineficazes, uma linha indestrutível vai se traçando e se reconhece: um crescente ceticismo manifesta-se diante de qualquer tentativa de procurar explicar pelo pensamento puro "o mundo objetivo", o mundo dos "objetos" oposto ao mundo simplificado das "representações e dos pensamentos". Observemos aqui que, para um filósofo clássico, as aspas (" ") são empregadas para indicar um conceito fictício, que o leitor momentaneamente aceita, apesar de refutado pela crítica filosófica.

A crença elementar da filosofia em sua gênese reconhece no pensamento puro a possibilidade de descobrir todo o conhecimento necessário. Era uma ilusão, cada qual pode compreendê-lo com facilidade, se se esquecer provisoriamente das aquisições ulteriores da filosofia e da ciência física. Por que se admirar, se Platão concede à "Ideia" uma realidade superior à dos objetos empiricamente experimentados? Spinoza, Hegel inspiram-se no mesmo sentimento e raciocinam fundamentalmente da mesma forma. Poder-se-ia quase fazer a pergunta: sem essa ilusão será possível no pensamento filosófico inventar algo de grandioso? Mas deixemos de lado essa interrogação.

Diante da ilusão, bastante aristocrática, do poder de percepção ilimitada do pensamento, existe outra ilusão bem plebeia, o realismo ingênuo, segundo o qual os objetos "são" a pura verdade de nossos sentidos. Ilusão que ocupa a atividade diária dos homens e dos animais: Na origem, as ciências se interrogam desse modo, sobretudo as ciências físicas.

As vitórias sobre as duas ilusões nunca se separam. Eliminar o realismo ingênuo é relativamente fácil. Russell define de forma muito característica esse momento do pensamento na introdução a seu livro *An Inquiry into Meaning and Truth*.

"Começamos todos com o realismo ingênuo, quer dizer, com a doutrina de que os objetos são assim como parecem ser. Admitimos que a erva é verde, que a neve é fria e que as pedras são duras. Mas a física nos assegura que o verde das ervas, o frio da neve e a dureza das pedras não são o mesmo verde, o mesmo frio e a mesma dureza que conhecemos por experiência, mas algo de totalmente diferente. O observador que pretende observar uma pedra, na realidade observa, se quisermos acreditar na física, as impressões das pedras sobre ele próprio. Por isso a ciência parece estar em contradição consigo mesma; quando se considera extremamente objetiva, mergulha contra a vontade na subjetividade. O realismo ingênuo conduz à física, e a física mostra, por seu lado, que esse realismo ingênuo, na medida em que é consequente, é falso. Logicamente falso, portanto falso."

À parte sua perfeita formulação, estas linhas expressam algo em que eu jamais pensara. Para um olhar superficial, o pensamento de Berkeley e de Hume parece o oposto do pensamento científico. Mas o enunciado acima de Russell revela uma relação. Berkeley insiste sobre o fato de que não percebemos diretamente os "objetos" do mundo exterior por nossos sentidos, mas que os órgãos de nossos sentidos são afetados por fenômenos ligados como causa à presença dos "objetos". Ora, essa reflexão suscita a convicção por já raciocinar como a ciência física. Se não se tem bastante confiança na maneira de pensar física, mesmo em suas grandes linhas, não há razão alguma para impor qualquer coisa entre o objeto e o ato de ver que isola o sujeito em relação ao objeto e torna problemática "a existência dos objetos".

A mesma técnica de reflexão em ciência física e os resultados assim obtidos revolucionaram a tradicional possibilidade de compreender os objetos e suas relações pelo lado único do pensamento especulativo. Aos poucos, se firmava a convicção de que todo conhecimento sobre os objetos era inexoravelmente uma transformação da matéria bruta oferecida pelos sentidos. Sob essa apresentação geral (formulada intencionalmente em termos vagos), essa proposição é aceita comumente. A convicção repousa assim sobre dupla prova: a impossibilidade de adquirir conhecimentos reais pelo puro pensamento especulativo, mas sobretudo a descoberta dos progressos dos conhecimentos pela via empírica. Primeiro, Galileu e Hume justificaram esse princípio com uma perspicácia e uma determinação totais.

Hume bem compreendia que conceitos, julgados essenciais por nós — por exemplo, a relação causal —, não podem ser obtidos a partir da matéria fornecida pelos sentidos. Essa compreensão o levou ao ceticismo intelectual diante de qualquer conhecimento. Quando se leem suas obras, fica-se espantado de que depois dele tantos filósofos, em geral bem-considerados, tenham podido redigir tantas páginas tão confusas e encontrado leitores gratos. Contudo Hume marcou com sua influência os seus melhores sucessores. E nós o reencontramos na leitura das análises filosóficas de Russell: o estilo preciso e a expressão simples são os mesmos de Hume.

O homem aspira profundamente ao conhecimento certo. E por essa razão, o sentido da obra de Hume nos comove. A matéria bruta sensível, única fonte de nosso conhecimento, nos modifica, nos faz crer, esperar. Mas não pode conduzir-nos ao saber e à compreensão de relações que revelam leis. Kant então propõe um pensamento. Sob a forma em que foi apresentada é indefensável, porém marca um nítido progresso para resolver o dilema de Hume. "O empírico, no conhecimento, jamais é certo" (Hume). Se queremos conhecimentos certos temos de baseá-los na razão. Tal é o caso da geometria, tal o do princípio de causalidade. Esses conhecimentos, mais alguns outros, formam uma parte de nosso instrumento-pensamento. Por conseguinte não devem ser obtidos pelos sentidos. São conhecimentos *a priori*.

Hoje todo o mundo sabe, evidentemente, que os famosos conhecimentos nada têm de certo, nada de intimamente necessário, como Kant acreditava. Mas Kant colocou o problema sob o ângulo dessa constatação. Temos um certo direito de pensar conceitos que a matéria experimental sensível não pode dar-nos, se permanecermos no plano lógico em face do mundo dos objetos.

Penso que é preciso ainda superar essa posição. Os conceitos que aparecem em nosso pensamento e em nossas expressões linguísticas são — do ponto de vista lógico — puras criações do espírito e não podem provir indutivamente de experiências sensíveis. Isso não é tão simples de admitir porque unimos conceitos certos e ligações conceptuais (proposições) com as experiências sensíveis, tão profundamente habituais que perdemos a consciência do abismo logicamente insuperável entre o mundo do sensível e o do conceptual e hipotético.

Por isso, incontestavelmente, a série de números inteiros marca uma invenção do espírito humano, um instrumento criado por ele para facilitar e ordenar algumas experiências sensíveis. Não existe possibilidade alguma de tirar esse conceito da própria experiência sensível. Escolho de propósito a noção do número porque pertence ao pensamento pré-científico e seu aspecto operatório é facilmente identificável aqui. Mas quanto mais nos aproximamos dos conceitos elementares na vida cotidiana, tanto mais o peso de hábitos arraigados nos embaraça para reconhecermos o conceito como criação original do espírito. Assim se elaborou uma concepção fatal e gravemente errônea para a compreensão das relações reais e imediatas: os conceitos se constituiriam a partir da experiência e em seguida da abstração, mas com isso perdem uma parte de seu conteúdo. Desejo mostrar por que essa concepção me parece tão errônea.

Se se aceita a crítica de Hume, formula-se logo a ideia de que todo conceito ou toda hipótese devem ser rejeitados do espírito como "metafísica", por não serem extraídos da matéria bruta sensível. Porque todo pensamento só recebe seu conteúdo material através da relação com o mundo sensível. Julgo perfeitamente exata essa ideia; em compensação, uma construção que sistematiza dessa forma o pensamento me parece falsa. Pois essa pretensão lógica, levada ao extremo, excluiria inevitavelmente qualquer pensamento como metafísico.

Para que o pensamento não degenere em metafísica, quer dizer em parolice, é preciso que um número suficiente de proposições de um sistema conceptual esteja ligado de modo exato às experiências sensíveis e que o sistema conceptual, na função essencial de ordenar e de sintetizar o vivido sensível, revele a maior unidade, a maior economia possível. Afinal, o "sistema" exprime um livre jogo (lógico) de símbolos por meio de regras (lógicas) arbitrariamente dadas. De igual maneira, tudo isso é válido para traduzir o cotidiano; e até para pensar as ciências, sob uma forma mais consciente e mais sistemática.

Aquilo que vou dizer torna-se então mais claro: Hume, por sua crítica lúcida, possibilita um progresso decisivo da filosofia. Mas causa, sem responsabilidade de sua parte, um real perigo, porque essa crítica suscita um "medo da metafísica" errado, por realçar vício da filosofia empírica contemporânea. Esse vício corresponde ao outro extremo da filosofia nebulosa da antiguidade, quando ela pretendia poder dispensar os dados sensíveis, ou até mesmo desprezá-los.

Apesar de minha admiração pela perspicaz análise apresentada por Russell em *Meaning and Truth*, tenho receio de que também aí o espectro do medo metafísico haja causado alguns estragos. Essa angústia me explica, por exemplo, o papel da razão para conceber a "coisa" como um "feixe de qualidades", qualidades que devem ser abstraídas da matéria pura sensível. Esse fato (duas coisas devem ser consideradas uma única e a mesma coisa se se correspondem respectivamente em suas qualidades) nos obriga a avaliar as relações geométricas dos objetos como qualidades. (De outro modo, seríamos obrigados, de acordo com Russell, a declarar serem "a mesma coisa" a Torre Eiffel em Paris e a torre de Nova York.) Diante disso, não vejo perigo "metafísico" em acolher o objeto (objeto no sentido da física) como um conceito independente no sistema ligado à estrutura espacial-temporal que lhe pertence.

Levando em conta esses esforços, estou contente ainda por descobrir, no último capítulo, que não se pode dispensar a "Metafísica". Minha única crítica esclarece a má consciência intelectual que se sente através das linhas.

Os entrevistadores

Se pedem publicamente a alguém que dê as razões de tudo quanto declarou, mesmo por brincadeira, num momento de capricho ou de despeito momentâneo, é em geral coisa desagradável, mas afinal de contas normal. Mas se publicamente vêm pedir-lhe uma justificativa daquilo que outros disseram em nome do senhor, sem que pudesse proibi-lo, então sua situação seria aflitiva. "Quem é este coitado?" poderão perguntar. Na verdade, qualquer homem cuja popularidade basta para justificar a visita dos entrevistadores! Podem não acreditar! Tenho tanta experiência sobre esse assunto, que não hesito em referi-la.

Imaginem, uma bela manhã, um repórter lhe faz uma visita e pede amavelmente que dê sua opinião sobre seu amigo N. A princípio o senhor sente alguma irritação diante dessa pretensão. Mas bem depressa percebe que não há escapatória possível. Porque se recusar uma resposta equivalerá a: "Interroguei o homem que é tido pelo melhor amigo de N., mas ele recusou prudentemente". Dessa atitude, o leitor tirará inevitáveis conclusões. Então, já que não há nenhuma escapatória, o senhor declara:

"N. tem um caráter alegre, franco, estimado por todos os amigos. Sabe ver o lado bom de cada situação. Pode assumir responsabilidades e chega a realizá-las sem restrição de tempo. Sua profissão é sua paixão, mas ama a família e dá à esposa tudo quanto tem..."

Isso significará: "N. não leva nada a sério. Possui o raro talento de se fazer amar por todos e se esforça para isso por um comportamento exuberante e amável. Mas é de tal forma escravo de sua profissão que não pode refletir sobre assuntos pessoais ou interessar-se por questões estranhas a sua pesquisa. Trata a esposa com excesso de cuidados, escravo abúlico de seus desejos..."

Um verdadeiro profissional em reportagem diria tudo isso num estilo ainda mais incisivo. Mas, para o senhor e seu amigo N., já é bastante. Porque no dia seguinte, N. lê isto no jornal e outras frases do mesmo gênero e sua cólera contra o senhor explode com fúria, apesar do caráter alegre e franco. A ofensa que lhe fizeram faz com que o senhor fique profundamente aborrecido porque gosta realmente de seu amigo.

Então?! Que fazer nessa situação? Se descobrir um método, eu lhe suplico, ensine-me para que possa aplicá-lo imediatamente.

Felicitações a um crítico

Ver com os próprios olhos, sentir e julgar sem sucumbir à fascinação da moda, poder dizer o que se viu, o que se sentiu, com um estilo preciso ou por uma expressão artisticamente cinzelada, que maravilha. Será preciso ainda felicitá-lo?

Minhas primeiras impressões da América do Norte

Tenho de cumprir a promessa de dizer em poucas palavras minhas impressões sobre a América do Norte. Não é tão simples assim. Porque nunca é simples julgar como observador imparcial quando se foi acolhido com tanta afeição e exagerada estima quanto o fui na América.

Por isso, uma observação prévia:

O culto da personalidade é a meus olhos sempre injustificado. É claro, a natureza reparte seus dons de maneira muito diferente entre seus filhos. Mas, graças a Deus, existe grande número de filhos generosamente dotados e, na maior parte, levam uma vida tranquila e sem história. Parece-me portanto injusto e até de mau gosto, ver umas poucas pessoas incensadas com exagero e, além do mais, gratificadas com forças sobre-humanas de inteligência e de caráter. É este meu destino! Ora, existe um contraste grotesco entre as capacidades e os poderes que os homens me atribuem e aquilo que sou e o que posso. A consciência desse estado de coisas falacioso seria insuportável, se uma soberba compensação não me consolasse. Porque é um sinal encorajador em nossa época, tida por tão materialista, que transforme homens em heróis, quando as finalidades de tais heróis se manifestam exclusivamente no domínio intelectual e moral. Isso prova que o conhecimento e a justiça são, para grande parte da humanidade, julgados superiores à fortuna e ao poder. Minhas experiências me mostraram a predominância dessa estrutura ideológica em grau elevado nesta América acusada de ser tão materialista. Depois desta digressão, vou falar de meu assunto, mas, peço, não deem a minhas modestas observações mais importância do que têm.

Para um visitante, a primeira e mais viva admiração é provocada pela assombrosa superioridade técnica e racional deste país. Mesmo os objetos de uso comum são mais resistentes e mais sólidos do que na Europa, e as casas tão mais funcionais! Tudo é calculado para economizar o trabalho humano. Porque este é caro, uma vez que o país é pouco povoado em comparação com os recursos naturais. Mas o preço elevado da mão de obra estimula e desenvolve de modo fabuloso os meios técnicos e os métodos de trabalho. Por contraste, pensa-se na Índia ou na China, superpovoadas, em que o irrisório preço da mão de obra humana impediu o desenvolvimento dos meios técnicos. A Europa ocupa posição intermediária. Quando o maquinismo se desenvolve bastante, ele se torna rentável e custa menos do que a mão de obra humana. Na Europa, os fascistas deveriam refletir sobre isso! Porque, por motivos de política a curto prazo, trabalham por aumentar a densidade da população em suas respectivas pátrias. Por outro lado, os Estados Unidos, mais reservados, se fecham sobre si mesmos por um sistema de imposto proibitivo sobre as mercadorias estrangeiras. Pode-se exigir de um visitante inofensivo que quebre a cabeça? Pode-se realmente estar seguro de que cada pergunta comporta uma resposta inteligente?

Segunda surpresa para o visitante; presta atenção na atitude americana feliz e positiva diante da vida. Nas fotografias nota-se esse sorriso dos seres, símbolo de uma das principais forças dos americanos. Mostra-se amável, consciente de seu valor, otimista e sem inveja, ao passo que o europeu julga os contatos com os americanos inocentes e agradáveis.

Em compensação, o europeu demonstra espírito crítico, forte consciência de si, falta de generosidade e de auxílio mútuo, exige muito de seus divertimentos e de suas leituras, relativamente aos americanos. Mas, no final das contas, revela-se bastante pessimista.

A vida suave, o conforto têm um lugar importante nos Estados Unidos. Sacrificam-lhes fadiga, preocupação e tranquilidade. O americano vive mais em função de uma meta precisa e para o futuro do que o europeu. A vida, para ele, é mais um devir, não um estado. Nesse sentido é radicalmente diferente do russo e do asiático, mais ainda do que do europeu.

Todavia existe outro domínio em que o americano se assemelha mais ao asiático do que o europeu. Reconhece ser menos estritamente egotista do que o europeu, encarado psicologicamente e não economicamente.

Fala-se mais "nós" do que "eu". Sem dúvida, isso resulta de que os usos e a convenção ocupam lugar importante, o ideal de vida dos indivíduos e sua atitude moral e estética parecem mais conformistas do que na Europa. Esse fato explica em grande parte a superioridade econômica americana sobre a Europa. Com efeito, com mais rapidez, mais facilidade do que na Europa se organizam o trabalho, sua repartição, eficácia na fábrica, na universidade ou até em um instituto particular de beneficência. Essa atitude social talvez provenha parcialmente da influência inglesa.

Violento contraste, enfim, com os comportamentos europeus: a zona de influência do Estado é relativamente fraca. O europeu admira-se de que o telégrafo, o telefone, as estradas de ferro, a escola pertençam na maioria a sociedades particulares. Já explicamos isso anteriormente. A atitude mais social do indivíduo o permite. Além do mais, a repartição fundamentalmente desigual dos bens não provoca as desigualdades insuportáveis sempre pela mesma razão. O senso de responsabilidade social dos ricos se revela mais vivo aqui do que na Europa. Acham muito natural consagrar grande parte de sua fortuna, e até mesmo de sua atividade, a serviço da comunidade. Imperiosamente, a opinião pública (poderosa!) o exige deles. Acontece então que as funções culturais mais importantes podem ser confiadas à iniciativa particular e que o raio de ação do Estado neste país seja relativamente bastante reduzido.

Contudo o prestígio da autoridade do Estado diminuiu singularmente por causa da Lei Seca. Nada é mais prejudicial, para o prestígio da lei e do Estado, do que promulgar leis sem ter os meios para fazê-la respeitar. É uma evidência reconhecida que o índice crescente de criminalidade neste Estado depende estreitamente dessa lei.

Sob outro aspecto, a proibição contribui, no meu entender, para o enfraquecimento do Estado. O botequim oferecia um lugar onde os homens tinham a oportunidade de trocar suas ideias e opiniões sobre os negócios públicos. Oportunidade que aqui desaparece, a meu ver, a ponto de fazer com que a imprensa, controlada em grande parte pelos grupos interessados, exerça uma influência determinante e sem contraste sobre a opinião pública.

O inegável valor do dinheiro neste país se revela ainda mais forte do que na Europa, mas parece-me decrescer. Aos poucos se substitui a ideia de que uma grande fortuna não é mais indispensável para uma vida feliz e próspera.

No plano artístico, sinto a mais viva admiração pelo gosto que se manifesta nas construções modernas e nos objetos da vida diária. Em compensação, relativamente à Europa, julgo o povo americano menos aberto para as artes plásticas e para a música.

Admiro profundamente os resultados dos institutos de pesquisa científica. Entre nós, com muita injustiça, se interpreta a superioridade crescente da pesquisa americana exclusivamente como fruto do poder do dinheiro. Ora, devotamento, tolerância, espírito de equipe, senso de cooperação contribuem de modo singular para seu sucesso. Para terminar, uma observação! Os Estados Unidos, hoje, representam a força mundial tecnicamente mais avançada. Sua influência sobre a organização das relações internacionais nem se pode medir. Mas a grande América e seus habitantes ainda não manifestaram até agora profundo interesse pelos grandes problemas internacionais, e sobretudo por aquele, terrivelmente atual, do desarmamento. Isso deve mudar, no interesse mesmo dos americanos. A última guerra provou que não há mais continentes isolados, mas que os destinos de todos os povos estão hoje estreitamente imbricados. Por conseguinte, será preciso que este povo se convença de que cada habitante seu tem uma grande responsabilidade no domínio da política internacional. Este país não deve se resignar com a função de observador inativo, essa função com o correr do tempo se revelaria nefasta para todos.

Resposta às mulheres americanas

Uma liga de mulheres americanas julgou dever protestar contra a entrada de Einstein em sua pátria. Recebeu a seguinte resposta:

"Jamais encontrei, da parte do belo sexo, reação tão enérgica contra uma tentativa de aproximação. Se por acaso isso aconteceu, jamais, em uma só vez, tantas mulheres me repeliram."

Não têm razão, essas cidadãs vigilantes? Deve-se acolher um homem que devora os capitalistas calejados com o mesmo apetite, a mesma volúpia com que, outrora, o Minotauro cretense devorava as delicadas virgens gregas e que, além do mais, se revela tão grosseiro que recusa todas as guerras, com exceção do inevitável conflito com a própria esposa? Escutai portanto, vós, mulheres prudentes e patriotas; lembrai-vos também que o Capitólio da poderosa Roma foi outrora salvo pelo cacarejar de suas fiéis patas.

CAPÍTULO II

POLÍTICA E PACIFISMO

SENTIDO ATUAL DA PALAVRA PAZ

Os gênios mais notáveis das antigas civilizações sempre preconizaram a paz entre as nações. Compreendiam sua importância. Mas hoje essa posição moral é rechaçada pelos progressos técnicos. E nossa humanidade civilizada descobre o novo sentido da palavra paz: significa sobrevivência. Do mesmo modo, seria concebível que um homem, em sã consciência, pudesse fugir à sua verdadeira responsabilidade diante do problema da paz?

Em todos os países do mundo, grupos industriais poderosos fabricam armas ou participam de sua fabricação; em todos os países do mundo, eles se opõem à resolução pacífica do menor litígio internacional. Contra eles, porém, os governos atingirão esse objetivo essencial da paz, quando a maioria dos eleitores os apoiar energicamente. Porque vivemos em regime democrático e nosso destino e o de nosso povo dependem inteiramente de nós.

A vontade coletiva se inspirará nessa íntima convicção pessoal.

COMO SUPRIMIR A GUERRA

Minha responsabilidade na questão da bomba atômica se limita a uma única intervenção: escrevi uma carta ao presidente Roosevelt. Eu sabia ser necessária e urgente a organização de experiências de grande envergadura para o estudo e a realização da bomba atômica. Eu o disse. Conhecia também o risco universal causado pela descoberta da bomba. Mas os sábios alemães se encarniçavam sobre o mesmo problema e tinham todas as chances para resolvê-lo. Assumi portanto minhas responsabilidades. E no entanto sou apaixonadamente um pacifista e minha maneira de ver não é diferente diante da mortandade em tempo de guerra e diante de um crime em tempo de paz. Já que as nações não se resolvem a suprimir a guerra por uma ação conjunta, já que não superam os conflitos por uma arbitragem pacífica e não baseiam seu direito sobre a lei, elas se veem inexoravelmente obrigadas a preparar a guerra. Participando da corrida geral dos armamentos e não querendo perder, concebem e executam os planos mais detestáveis. Precipitam-se para a guerra. Mas hoje a guerra se chama o aniquilamento da humanidade.

Protestar hoje contra os armamentos não quer dizer nada e não muda nada. Só a supressão definitiva do risco universal da guerra dá sentido e oportunidade à sobrevivência do mundo. Daqui em diante, eis nosso labor cotidiano e nossa inabalável decisão: lutar contra a raiz do mal e não contra os efeitos. O homem aceita lucidamente essa exigência. Que importa que seja acusado de antissocial ou de utópico?

Gandhi encarna o maior gênio político de nossa civilização. Definiu o sentido concreto de uma política e soube encontrar em cada homem um inesgotável heroísmo quando descobre um objetivo e um valor para sua ação. A Índia, hoje livre, prova a justeza de seu testemunho. Ora, o poder material, em aparência invencível, do Império Britânico foi submergido por uma vontade inspirada por ideias simples e claras.

Qual o problema do pacifismo?

Senhoras, Senhores,

Meus agradecimentos por me permitirem exprimir minhas ideias sobre este problema.

Alegro-me por terem os senhores me proporcionado a ocasião de expor brevemente o problema do pacifismo. A evolução dos últimos anos de novo pôs em foco como temos poucas razões para confiar aos governos a responsabilidade na luta contra os armamentos e as atitudes belicosas. Mas também a formação de grandes organizações, mesmo com muitos membros, não pode por si só nos aproximar da meta. Continuo a afirmar que o meio violento da recusa do serviço militar é o melhor. É proclamado por organizações que, em vários países, ajudam moral e materialmente os corajosos objetores de consciência.

Por esse meio podemos mobilizar os homens quanto ao problema do pacifismo. Porque esta questão, posta assim tão direta e concretamente, interpela as naturezas íntegras sobre esse tipo de combate. Porque, na verdade, trata-se de um combate ilegal, mas de um combate pelo direito real dos homens contra seus governos, já que estes exigem de seus cidadãos atos criminosos.

Muitos bons pacifistas não gostariam de praticar o pacifismo dessa maneira, invocando razões patrióticas. Nos momentos críticos, porém, poder-se-á contar com eles. A guerra mundial provou-o cabalmente.

Agradeço-lhes sinceramente por me terem dado a ocasião de lhes manifestar de viva voz minha opinião.

Alocução na reunião dos estudantes pelo desarmamento

Graças às descobertas da ciência e da técnica, as últimas gerações nos ofereceram um magnífico presente de valor: poderemos nos libertar e embelezar nossa vida como nunca outras gerações o puderam fazer. Mas esse presente traz consigo perigos para nossa vida, como nunca antes.

Hoje, o destino da humanidade civilizada repousa sobre os valores morais que consegue suscitar em si mesma. Por isso a tarefa de nossa época de modo algum é mais fácil do que as realizadas pelas últimas gerações.

Aquilo de que os homens precisam como alimentação e bens de uso corrente pode ser satisfeito ao cabo de horas de trabalho infinitamente mais reduzidas. Em compensação, o problema da repartição do trabalho e dos produtos fabricados se mostra cada vez mais difícil. Percebemos todos que o livre jogo das forças econômicas, o esforço desordenado e sem freio dos indivíduos para adquirir e dominar já não conduzem mais, automaticamente, a uma solução suportável deste problema. É preciso uma ordem planificada para a produção dos bens, o emprego da mão de obra e a repartição das mercadorias fabricadas; trata-se de evitar o desaparecimento ameaçador de importantes recursos produtivos, o empobrecimento e o retorno ao estado selvagem de grande parte da população.

Contudo, se na vida econômica o egoísmo, "monstro sagrado", acarreta consequências nefastas, na vida política internacional causa estragos ainda mais atrozes. Agora os progressos da técnica militar tornam possível o extermínio de toda a vida humana, a menos que os homens descubram, e bem depressa, os meios de se protegerem contra a guerra. Esse ideal é capital e os esforços até hoje empregados para atingi-lo são ainda ridiculamente insuficientes. Procura-se atenuar o perigo pela diminuição dos armamentos e por regras limitativas no exercício do direito à guerra. Mas a guerra não é um jogo de sociedade onde os parceiros respeitam escrupulosamente as regras. Quando se trata de ser ou de não ser, regras e compromissos não valem nada. Somente a rejeição incondicional da guerra pode salvar-nos. Porque a criação de uma corte de arbitragem não basta de forma alguma nessa circunstância. Seria preciso que também os tratados incluíssem a afirmação de que as decisões de semelhante corte seriam aplicadas coletivamente por todas as nações. Afastada essa certeza, jamais as nações assumirão o risco do desarmamento.

Imaginemos! Os governos americano, inglês, alemão, francês exigem do governo japonês a imediata cessação das hostilidades contra a China, sob pena de um boicote estrito de todas as mercadorias "made in Japan". Julgam os senhores que um "governo japonês assumiria para seu país um risco tão grande? Ora, contra toda a evidência isso não se deu. Por quê? Cada pessoa, cada nação receia verdadeiramente por sua existência. Por quê? Porque cada qual só tem em vista o próprio proveito, imediato e desprezível, e não quer considerar primeiro o bem e o proveito da comunidade.

Por isso eu lhes declarei, logo de início, que o destino da humanidade repousa essencialmente e mais do que nunca sobre as forças morais do homem. Se quisermos uma vida livre e feliz, será absolutamente necessário haver renúncia e restrição.

Onde haurir forças para semelhante modificação? Alguns já desde a juventude tiveram a possibilidade de fortalecer o espírito pelo estudo e de manter um modo claro de julgar. São os antigos, eles olham para os senhores e esperam que lutem com todas as energias com o fito de obter afinal aquilo que nos foi recusado.

Sobre o serviço militar

Extrato de uma carta

Em vez de autorizar o serviço militar na Alemanha, dever-se-ia proibi-lo em todos os países e não admitir um exército a não ser o dos mercenários, podendo-se discutir sobre sua importância e armamento. A França, por esse meio, se tranquilizaria, mesmo que se satisfaça com a compensação dada à Alemanha. Desse modo se impediria o desastre psicológico provocado pela educação militar do povo e a morte dos direitos do indivíduo inerentes a essa pedagogia.

Que vantagem evidente para dois Estados, de pleno acordo, em dirimir seus inevitáveis conflitos por um arbitramento, e que progresso poder unificar sua organização militar de profissionais em um único corpo de quadros mistos! Que economia financeira e que aumento de segurança para os dois países! Um arranjo assim poderia estimular uniões cada vez mais estreitas e até chegar a uma polícia internacional que se reduziria à medida que a segurança internacional crescesse.

Querem discutir essa proposta-sugestão com nossos amigos? Não quero defendê-la de modo especial. Mas julgo indispensável que nos apresentemos com programas concretos. Porque ficar só em posição de defesa não oferece nenhum interesse estratégico.

A Sigmund Freud

Muito caro senhor Freud,

Sempre admirei sua paixão para descobrir a verdade. Ela o arrebata acima de tudo. O senhor explica com irresistível clareza o quanto na alma humana os instintos de luta e de aniquilamento estão estreitamente relacionados com os instintos do amor e da afirmação da vida. Ao mesmo tempo, suas exposições rigorosas revelam o desejo profundo e o nobre ideal do homem que quer se libertar completamente da guerra. Por essa profunda paixão se reconhecem todos aqueles que, superando seu tempo e sua nação, foram julgados mestres, espirituais ou morais. Descobrimos o mesmo ideal em Jesus Cristo, em Goethe ou em Kant! Não é bastante significativo ver que esses homens foram reconhecidos universalmente como mestres apesar de terem fracassado em sua vontade de estruturar as relações humanas?

Estou persuadido de que os homens excepcionais que ocupam a posição de mestres graças a seus trabalhos (mesmo em círculo bem restrito) participam desse mesmo nobre ideal. Não têm grande influência sobre o mundo político. Em compensação, a sorte das nações depende, ao que parece, inevitavelmente de homens políticos, sem nenhum escrúpulo e sem qualquer senso de responsabilidade.

Tais chefes e governos políticos obtêm seu cargo seja pela violência, seja por eleições populares. Não podem se apresentar como representantes da parte intelectual e moralmente superior das nações. Quanto à elite intelectual, não exerce influência alguma sobre o destino dos povos. Dispersa demais, não pode nem trabalhar, nem colaborar quando se trata de resolver um problema urgente. Sendo assim, não pensa o senhor que uma associação livre de personalidades — garantindo suas capacidades e a sinceridade da vontade por suas ações e criações anteriores — não poderia propor realmente um programa novo? Uma comunidade de estrutura internacional, na qual os membros se obrigariam a ficar em contato por permanente intercâmbio de suas opiniões, poderia tomar posição na imprensa, mas sempre sob a responsabilidade estrita dos signatários, e exercer influência significativa e moralmente sadia na resolução de um problema político. Evidentemente, tal comunidade se veria a braços com os mesmos inconvenientes que, nas academias de ciência, provocam tantas vezes pesados malogros. São os riscos inerentes, indissoluvelmente ligados à fraqueza da natureza humana. Apesar do que, não seria preciso tentar uma associação desse gênero? Para mim, julgo-a um dever imperioso.

Se se chegasse a concretizar semelhante associação intelectual, ela teria de procurar educar sistematicamente as organizações religiosas no sentido de se baterem contra a guerra. Daria força moral a muitas personalidades cuja boa vontade se vê esterilizada por penosa resignação. Creio enfim que uma associação com tais membros, inspirando imenso respeito bem-justificado por suas obras intelectuais, daria precioso apoio moral às forças da Sociedade das Nações que realmente consagram suas atividades ao nobre ideal dessa instituição.

Submeto-lhe estas ideias, ao senhor mais do que a qualquer outro, porque o senhor é menos vulnerável do que qualquer um às quimeras e seu espírito crítico se baseia em um sentimento muito profundo da responsabilidade.

As mulheres e a guerra

Na minha opinião, na próxima guerra, dever-se-ia mandar para as primeiras linhas as mulheres patriotas de preferência aos homens. Isso seria pela primeira vez uma novidade neste mundo desesperado de horror infinito e, além disso, por que não utilizar os sentimentos heroicos do belo sexo de modo mais pitoresco do que em atacar um civil sem defesa?

Três cartas a amigos da paz

1. Soube que, por inspiração de seus nobres sentimentos e levado pelo amor dos homens e de seu destino, o senhor realiza quase secretamente maravilhas. Raros são aqueles que olham com os próprios olhos e sentem com a própria sensibilidade. Unicamente esses poderiam

evitar que os homens venham de novo a mergulhar no clima de apatia, hoje proposto como inelutável a uma desorientada massa.

Possam os povos abrir os olhos, compreender o valor da renúncia nacional indispensável para evitar a mortandade de todos contra todos! O poder da consciência e do espírito internacional ainda é tímido demais. No momento atual revela-se mais fraco ainda, já que tolera um pacto com os piores inimigos da civilização. Nesse nível, a diplomacia da conciliação se chama crime contra a humanidade, mesmo se a defendem em nome da sabedoria política.

Não podemos desesperar dos homens, pois nós mesmos somos homens. E é um consolo pensar que existem personalidades como o senhor, vivas e leais.

2. Devo confessar que uma declaração, do tipo da que vai junto, não representa, a meu ver, valor algum para um povo que em tempo de paz se submete ao serviço militar. Sua luta deve procurar ter como resultado a liberação de qualquer obrigação militar. O povo francês pagou terrivelmente caro sua vitória de 1918! E no entanto, apesar do peso dessa experiência, o serviço militar mantém a França na mais ignóbil de todas as espécies de servidão.

Seja portanto infatigável nesta luta! O senhor tem mesmo aliados objetivos entre os reacionários e militaristas alemães. Porque, se a França se aferra à ideia do serviço militar obrigatório, não lhe será possível, com o tempo, proibir a introdução desse serviço na Alemanha. Então fatalmente se chegará à reivindicação alemã da igualdade dos direitos. Para cada escravo militar francês, haverá dois escravos militares alemães. Será que isso concordaria com os interesses franceses? Só a supressão radical do serviço militar obrigatório autoriza imaginar a educação da juventude no espírito de reconciliação, na afirmação das forças da vida e no respeito de todas as formas vivas.

Creio que a recusa ao serviço militar, pela objeção de consciência simultaneamente afirmada por cinquenta mil convocados ao serviço, teria um poder irresistível. Porque um indivíduo sozinho não pode obter muita coisa e não se pode desejar que seres do maior valor sejam entregues ao aniquilamento pelo abominável monstro de três cabeças: estupidez, medo, cobiça.

3. Em sua carta o senhor analisou um ponto absolutamente essencial. A indústria dos armamentos representa concretamente o mais terrível perigo para a humanidade. Mascara-se, poderosa força maligna, por trás do nacionalismo que se estende por toda parte.

A nacionalização do Estado poderia sem dúvida oferecer alguma utilidade. Mas a delimitação das indústrias interessadas parece muito complicada. Incluirão a indústria aeronáutica? E em que proporções nelas entrarão a indústria metalúrgica, a indústria química?

Quanto à indústria das munições e ao comércio do material de guerra, a Sociedade das Nações, já há anos, se esforça por exercer um controle sobre esse tráfico abominável. Mas quem ignora o malogro dessa política? No ano passado, perguntei a um diplomata americano de renome por que, mediante um boicote comercial, não se impedia o Japão de perseverar em sua política de ataques? Resposta: "Nossos interesses econômicos estão por demais implicados." Como ajudar a indivíduos de tal forma cegos por tais respostas? E o senhor crê que uma palavra minha seria suficiente para obter um resultado nesse campo! Que engano! Enquanto não os atrapalho, os homens me elogiam. Mas, se tento defender uma política desagradável a seus olhos, insultam-me e caluniam-me a fim de protegerem seus interesses. Quanto aos indiferentes, eles se refugiam na maior parte do tempo numa atitude de covardia. Ponha à prova a coragem cívica de seus concidadãos! A divisa tacitamente aceita se revela: "Assunto tabu... nem um pio!" Pode estar certo, empregarei todas as forças para executar o que puder, no sentido que o senhor me indica. Mas pela via direta, como me sugere, não há nada a tentar.

Pacifismo ativo

Considero-me muito feliz por assistir a esta grande manifestação pacifista, organizada pelo povo flamengo. Pessoalmente sinto necessidade de falar diante de todos os que aqui participam, em nome daqueles que pensam como os senhores e têm as mesmas angústias diante do futuro: "Nós nos sentimos profundamente unidos aos senhores nestes momentos de recolhimento e de tomada de consciência."

Não temos o direito de mentir a nós mesmos. A melhoria das condições humanas atuais, constrangedoras e desesperadoras, não pode ser imaginada como possível sem terríveis conflitos. Porque o pequeno número de pessoas decididas aos meios radicais pesa pouco diante da massa dos hesitantes e dos recuperados.[1] E o poder das pessoas di-

---

[1] Recuperado. Do francês *récupéré,* soldado reformado que é recrutado para a guerra. (N. do E.)

retamente interessadas na manutenção da máquina da guerra continua considerável. Não recuarão diante de nenhum processo para obrigar a opinião pública a se dobrar diante de suas exigências criminosas.

Segundo todas as aparências, os estadistas atualmente no poder têm por objetivo estabelecer de modo duradouro uma paz sólida. Mas o incessante aumento das armas prova claramente que esses estadistas não têm peso diante das potências criminosas que só querem preparar a guerra. Continuo inabalável neste ponto: a solução está no povo, somente no povo. Se os povos quiserem escapar da escravidão abjeta do serviço militar, têm de se pronunciar categoricamente pelo desarmamento geral. Enquanto existirem exércitos, cada conflito delicado se arrisca a levar à guerra.

Um pacifismo que só ataque as políticas de armas dos Estados é impotente e permanece impotente.

Que os povos compreendam! Que se manifeste sua consciência! Assim galgaríamos nova etapa no progresso dos povos entre si e nos recordaríamos do quanto a guerra foi a incompreensível loucura de nossos antepassados!

Uma demissão

Ao secretário alemão da Sociedade das Nações

Prezado senhor Dufour-Feronce,

Não quero deixar sua amável carta sem resposta porque o senhor poderia se enganar ao considerar meu ponto de vista. Minha decisão de não mais comparecer a Genebra baseia-se na evidência adquirida por dolorosa experiência: a comissão em geral não manifesta em suas sessões a firme vontade de realizar os progressos indispensáveis para as relações internacionais. Muito ao contrário, assemelha-se a uma paródia do adágio *ut aliquid fieri videatur*.[2] Vista desse modo, a comissão me parece até mesmo pior do que a Sociedade das Nações em conjunto.

Por ter querido me bater com todas as forças pela criação de uma Corte Internacional de Arbitragem e de regulamentação colocada acima dos Estados, e porque esse ideal representa muitíssimo para mim, creio dever deixar esta comissão.

---

[2] "Para dar a impressão de que se faz algo." (N. do E.)

A comissão aprovou a repressão das minorias culturais nos vários países porque, nesses mesmos países, ela constituiu uma "Comissão Nacional", único laço teórico entre os intelectuais do Estado e a comissão. Essa política deliberada afasta-a de sua função própria: ser um apoio moral para as minorias nacionais contra toda opressão cultural.

Além disso, a comissão manifestou uma atitude de tal forma hipócrita em face do problema da luta contra as tendências chauvinistas e militaristas do ensino nos diversos países, que não se pode esperar tenha uma atitude decisiva nesse domínio essencial, fundamental.

A comissão constantemente se dispensou de ser o apoio de personalidades ou de organizações que, de modo irrecusável, se empenharam por uma ordem jurídica internacional e contra o sistema militar.

A comissão jamais tentou impedir a integração de membros que bem sabia serem representantes de correntes de ideias fundamentalmente diversas daqueles que tinha a obrigação de representar.

Não quero mais enumerar outras acusações, pois estas poucas objeções dão suficiente motivo para se compreender minha decisão. Não quero no entanto me arvorar em acusador. Mas devia explicações sobre minha atitude. Se eu tivesse uma esperança, ainda que fosse mínima, teria agido de modo diferente, pode crer.

Sobre a questão do desarmamento

A realização de um plano de desarmamento era ainda mais complicada porque, em geral, não se encarava claramente a enorme complexidade do problema. De ordinário a maioria dos objetivos se obtém por escalões sucessivos. Lembremo-nos por exemplo da transformação da monarquia absoluta em democracia! Mas aqui o objetivo não suporta nenhum escalão.

Com efeito, enquanto a possibilidade da guerra não for radicalmente supressa, as nações não consentirão em se despojar do direito de se equipar militarmente do melhor modo possível para esmagar o inimigo de uma futura guerra. Não se poderá evitar que a juventude seja educada com as tradições guerreiras, nem que o ridículo orgulho nacional seja exaltado paralelamente com a mitologia heroica do guerreiro, enquanto for necessário fazer vibrar nos cidadãos essa ideologia para a resolução armada dos conflitos. Armar-se significa exatamente isto: não aprovar e nem organizar a paz, mas dizer sim à guerra e prepará-la. Sendo assim, não se pode desarmar por etapas, mas de uma vez por todas ou nunca.

Na vida das nações, uma realização de estrutura tão profundamente diferente implica uma força moral nova e uma recusa consciente de tradições fundamente arraigadas. Aquele que não está pronto a entregar, em caso de conflito e sem condições, o destino de seu país às decisões de uma corte internacional de arbitragem e que não está pronto a se comprometer solenemente e sem reservas a isso por um tratado não está realmente decidido a eliminar as guerras. A solução é clara: tudo ou nada.

Até este momento, os esforços empregados para conseguir a paz fracassaram, porque ambicionavam somente resultados parciais insuficientes.

Desarmamento e segurança só se conquistam juntos. A segurança não será real a não ser que todas as nações tomem o compromisso de executar por completo as decisões internacionais.

Estamos portanto na encruzilhada dos caminhos. Ou tomaremos a estrada da paz ou a estrada já frequentada da força cega, indigna de nossa civilização. É esta nossa escolha e por ela seremos responsáveis! De um lado, liberdade dos indivíduos e segurança das comunidades nos esperam. Do outro, servidão dos indivíduos e aniquilamento das civilizações nos ameaçam. Nosso destino será aquele que escolhermos.

A RESPEITO DA CONFERÊNCIA DO DESARMAMENTO EM 1932

1. Consentem que comece por uma profissão de fé política? Ei-la. O Estado foi criado para os homens, e não o inverso. Pode-se apresentar o mesmo arrazoado tanto para a ciência quanto para o Estado. Velhas máximas buriladas por seres que situavam a pessoa humana no cume da hierarquia dos valores! Eu teria vergonha de repeti-las, se não estivessem sempre ameaçadas de mergulhar no esquecimento, sobretudo em nossa época de organização e de rotina. Ora, a tarefa principal do Estado consiste nisto: proteger o indivíduo, oferecer-lhe a possibilidade de se realizar como pessoa humana criativa.

O Estado deve ser nosso servidor e não temos obrigação de ser seus escravos. Essa lei fundamental é vilipendiada pelo Estado, quando nos constrange à força ao serviço militar e à guerra. Nossa função de escravos se exerce então para aniquilar os homens de outros países ou para prejudicar a liberdade de seu progresso. Consentir em certos sacrifícios ao Estado só é um dever quando contribuem para o progresso humano dos indivíduos. Estas proposições talvez pareçam evidentes para um americano, mas de modo algum para um europeu. Por esse motivo, esperamos que a luta contra a guerra desperte poderoso eco entre os americanos.

Falemos agora desta conferência do desarmamento. Refletindo sobre ele, devemos sorrir, chorar ou esperar? Imaginem uma cidade habitada por cidadãos irascíveis, desonestos e rixentos. Seria permanente o risco de morrer e permanente, portanto, a terrível angústia, neutralizando qualquer evolução normal. A autoridade da cidade quer então suprimir essas condições pavorosas... mas cada magistrado e concidadão não aceita, sob nenhuma condição, que lhe proíbam trazer um punhal no cinto! Depois de longos anos de preparação, a autoridade decide debater em público o problema e propõe este tema de discussão: comprimento e corte do punhal individual autorizado a ser trazido no cinto durante os passeios?

Enquanto os cidadãos conscientes não tomarem a dianteira graças à lei, à justiça e à polícia para impedir as punhaladas, a situação ficará a mesma. A determinação do comprimento e do corte dos punhais autorizados só favorecerá os violentos e belicosos e lhes submeterá os mais fracos. Os senhores compreendem todo o sentido desta comparação. Temos com efeito uma Sociedade das Nações e uma Corte de Arbitragem. Mas a Sociedade das Nações mais se parece a uma sala de reunião do que a uma assembleia e a corte não tem meios de fazer respeitar seus veredictos. Em caso de agressão, nenhum Estado encontrará segurança junto da Sociedade das Nações. Não se esqueçam, pois, dessa evidência quando avaliarem a posição da França e sua recusa de se desarmar, sem segurança. Os senhores julgarão então com menor severidade do que se costuma fazer.

Cada povo deve compreender e querer as limitações necessárias a seu direito de soberania, cada povo deve intervir e associar-se aos outros povos contra qualquer transgressor das decisões da corte, oficialmente ou secretamente. Senão, manteremos o clima geral de anarquia, de ameaça. A soberania ilimitada dos diversos Estados e a segurança em caso de agressão são proposições inconciliáveis, apesar de todos os sofismas. Haverá ainda necessidade de novas catástrofes para incitar os Estados a se empenharem em executar todas as decisões da Corte Internacional de Justiça? Nas bases de sua recente evolução, nossa esperança para o próximo futuro é bem reduzida. Cada amigo da civilização e da justiça, porém, tem de se bater para convencer seus semelhantes da inevitável necessidade dessa obrigação internacional entre os Estados.

Objetar-se-á com razão que essa ideia valoriza demais o sistema jurídico, mas negligencia as psicologias nacionais e os valores morais. Fazem ver que o desarmamento moral deveria preceder o desarmamento material. Afirma-se também, com verdade, que o maior obstáculo para a ordem internacional consiste no nacionalismo exacerbado, denominado ilusória e simpaticamente de patriotismo. Com efeito, nos últimos 150 anos, essa divindade adquiriu um poder criminoso angustiante e extraordinário.

Para vencer essa objeção, é preciso entender que os fatores racionais e humanos se condicionam reciprocamente e convencer-se disso. Os sistemas dependem estreitamente de concepções tradicionais sentimentais, e delas extraem as razões de existir e de se proteger. Mas os sistemas elaborados, por sua vez, influenciam poderosamente as concepções tradicionais sentimentais.

O nacionalismo, hoje espalhado por toda parte de maneira tão perigosa, se desenvolve perfeitamente a partir da criação do serviço militar obrigatório, ou, belo eufemismo, do exército nacional. Exigindo dos cidadãos o serviço militar, o Estado se vê obrigado a neles exaltar o sentimento nacionalista, base psicológica dos condicionamentos militares. Ao lado da religião, o Estado deve glorificar em suas escolas, aos olhos da juventude, seu instrumento de força brutal.

A introdução do serviço militar obrigatório, eis a principal causa, a meu ver, da decadência moral da raça branca. Assim se coloca a questão da sobrevivência de nossa civilização e até mesmo de nossa vida! Por isso o poderoso influxo da revolução francesa traz inúmeras vantagens sociais, mas também a maldição que, em tão pouco tempo, caiu sobre todos os outros povos.

Quem quer desenvolver o sentimento internacional e combater o chauvinismo nacional, tem de combater o serviço militar obrigatório. As violentas perseguições que se abatem sobre aqueles que, por motivos morais, recusam cumprir o serviço militar serão menos ignominiosas para a humanidade do que as perseguições a que se expunham nos tempos passados os mártires da religião? Ousar-se-á hipocritamente proclamar a guerra fora da lei, como o faz o pacto Kellog, enquanto se entregam indivíduos sem defesa à máquina assassina da guerra em qualquer país?

Se, no espírito da conferência do desarmamento não quisermos nos limitar ao aspecto do sistema jurídico, mas desejarmos também incluir, de modo prático e leal, o aspecto psicológico, será preciso tentar oferecer, a cada indivíduo, por via internacional, a possibilidade legal de dizer não ao serviço militar. Essa iniciativa jurídica suscitaria sem dúvida alguma poderoso movimento moral. Numa palavra. Simples convenções sobre a redução dos armamentos não dão absolutamente segurança. A Corte de Arbitragem obrigatória deve dispor de um executivo garantido por todos os Estados participantes. Este interviria por sanções econômicas e militares contra o Estado violador da paz. O serviço militar obrigatório tem de ser combatido porque constitui o principal foco de um nacionalismo mórbido. Aqueles que fazem objeção de consciência devem portanto ser de modo particular protegidos internacionalmente.

2. O engenho dos homens nos ofereceu, nos últimos cem anos, tanta coisa que teria podido facilitar uma vida livre e feliz, se o progresso entre os homens se efetuasse ao mesmo tempo que os progressos sobre as coisas. Ora, o laborioso resultado se assemelha, para nossa geração, ao que seria uma navalha para uma criança de três anos. A conquista de fabulosos meios de produção não trouxe a liberdade, mas as angústias e a fome.

Pior ainda, os progressos técnicos fornecem os meios de aniquilar a vida humana e tudo o que foi duramente criado pelo homem. Nós, os velhos, vivemos essa abominação durante a guerra mundial. Porém, mais ignóbil do que esse aniquilamento, vivemos a escravidão vergonhosa a que o homem se vê arrastado pela guerra! Não é pavoroso ser constrangido pela comunidade a realizar atos que cada um, diante de sua consciência, considera criminosos? Ora, poucos foram aqueles que revelaram tanta grandeza de alma que se recusaram a cometê-los. No entanto, a meus olhos, são os verdadeiros heróis da guerra mundial.

Há uma luzinha de esperança. Tenho a impressão hoje de que os chefes responsáveis dos povos têm sincera intenção e vontade de abolir a guerra. A resistência a esse progresso absolutamente necessário apoia-se nas tradições malsãs dos povos: transmitem-se de geração em geração, através do sistema de educação, como um cancro hereditário.

A principal defensora de tais tradições é a instrução militar e sua glorificação, bem como aquela fração da imprensa ligada às indústrias pesadas ou de armamento. Sem desarmamento, nada de paz duradoura. Inversamente, os armamentos militares ininterruptos, nas atuais normas, conduzem inevitavelmente a novas catástrofes.

Por isso a conferência sobre o desarmamento de 1932 será decisiva para esta geração e a seguinte. As conferências precedentes terminaram por resultados, confessemos, desastrosos. Por conseguinte, impõe-se a todos os homens perspicazes e responsáveis que conjuguem todas as energias para cristalizar cada vez mais na opinião pública o papel essencial da conferência de 1932. Se, em seus países, os chefes de Estado encarnarem a vontade pacífica de uma maioria resoluta, então e só assim poderão realizar esse ideal. Cada um, por suas ações e palavras, pode ajudar na formação desta opinião pública.

O malogro da conferência será certo se os delegados ali se apresentarem com instruções definitivas, cuja aceitação se transformaria em questão de prestígio. Essa política parece ter sido descartada. Porque as reuniões de diplomatas, delegação por delegação, reuniões frequentes nos últimos tempos, foram consagradas a preparar solidamente a conferência por discussões sobre o desarmamento. Esse processo me parece muito feliz. Com efeito, dois homens ou dois grupos podem trabalhar com um espírito judicioso, sincero e sem paixão, se não intervier um terceiro grupo que é preciso levar em conta no debate. E, se a conferência for preparada seguindo esse processo, se os gestos teatrais forem excluídos e se uma verdadeira boa vontade criar um clima de confiança, somente então poderemos esperar uma saída favorável.

Neste gênero de conferências, o sucesso não depende da inteligência ou da perícia, mas da honestidade e da confiança. O valor moral não pode ser substituído pelo valor inteligência e eu acrescentaria: graças a Deus!

O ser humano não pode se contentar com esperar e criticar. Deve lutar por essa causa, tanto quanto puder. O destino da humanidade será o que prepararmos.

A América e a Conferência do Desarmamento em 1932

Os americanos estão hoje inquietos com a situação econômica de seu país e suas consequências. Os dirigentes, cônscios de suas responsabilidades, esforçam-se principalmente por resolver a terrível crise de desemprego em seu próprio país. A ideia de estarem ligados ao destino do resto do mundo, particularmente ao da Europa, mãe pátria, se encontra menos viva do que em tempo normal.

Mas a economia liberal não irá resolver automaticamente as próprias crises. Será preciso um conjunto de medidas harmoniosas vindas da comunidade, para realizar entre os homens uma justa repartição do trabalho e dos produtos de consumo. Sem isso, a população do país mais rico se asfixia. Como o trabalho necessário para as necessidades de todos diminuiu pelo aperfeiçoamento da tecnologia, o livre jogo das forças econômicas não consegue sozinho manter o equilíbrio que permita o emprego de todas as forças de trabalho. Uma regulamentação planificada e realista se impõe a fim de se utilizarem os progressos da tecnologia no interesse comum.

Se daqui em diante a economia não pode mais subsistir sem rigorosa planificação, esta é ainda mais exigida pelos problemas econômicos internacionais. Hoje, poucos indivíduos pensam realmente que as técnicas de guerra representam um sistema vantajoso, aplicável à humanidade para resolver os conflitos humanos. Mas os outros homens não têm lógica nem coragem para denunciar o sistema e impor medidas que tornem impossível a guerra, esse vestígio selvagem e intolerável dos tempos antigos. Será preciso ainda uma reflexão profunda para detectar o sistema e depois uma coragem a toda prova, para quebrar as cadeias dessa escravidão, o que exige uma decisão irrevogável e uma inteligência muito lúcida.

Aquele que deseja abolir de fato a guerra tem de intervir com energia para que o Estado do qual é cidadão renuncie a uma parte de sua soberania em proveito das instâncias internacionais. Deve preparar-se, no caso de algum conflito de seu país, para submetê-lo à arbitragem da Corte internacional de justiça. Exige-se dele que lute com todas as forças pelo desarmamento geral dos Estados, previsto até mesmo pelo lamentável tratado de Versalhes. Se não se suprime a educação do povo pelos militares e pelos patriotas belicosos, a humanidade não poderá progredir.

Nenhum acontecimento dos últimos anos foi tão humilhante para os Estados civilizados quanto essa sucessão de malogros de todas as conferências anteriores sobre o desarmamento. Os politiqueiros ambiciosos e sem escrúpulos, por suas intrigas, são os responsáveis por esse fracasso, mas também, por toda parte, em todos os países, a indiferença e a covardia. Se não mudarmos, pesará sobre nós a responsabilidade do aniquilamento da soberba herança de nossos antepassados.

Receio muito que o povo americano não assuma sua responsabilidade nesta crise. Porque assim se pensa nos Estados Unidos: "A Europa vai perder-se se se deixa levar pelos sentimentos de ódio e de vingança dos seus habitantes. O presidente Wilson havia semeado o bom grão. Mas aquele solo europeu estéril fez nascer o joio. Quanto a nós, somos os mais fortes, os menos vulneráveis, e tão cedo não recomeçaremos a nos intrometer nas questões dos outros."

Quem pensa assim é um medíocre que não enxerga nada além da ponta do nariz. A América não pode lavar as mãos diante da miséria europeia. Pela exigência brutal do pagamento de suas dívidas, a América acelera a queda econômica da Europa e com isso também sua decadência moral. Ela é responsável pela balcanização europeia e participa também da responsabilidade por esta crise moral na política, incitando assim o espírito de desforra já alimentado pelo desespero. A nova mentalidade não encontrará um dique nas fronteiras americanas. Seria meu dever adverti-los: suas fronteiras já foram transpostas. Olhem ao redor de vocês, tomem cuidado!

Basta de tanto palavreado! A conferência do desarmamento significa para nós, e para os senhores, a última oportunidade de salvar a herança do passado. Os senhores são os mais poderosos, os menos atingidos pela crise, é portanto para os senhores que o mundo olha, e confia esperançoso.

A Corte de Arbitragem

Um desarmamento planificado e rápido não será possível a não ser que esteja ligado à garantia de segurança de todas as nações que o assinaram, cada uma em separado, sob a dependência de uma Corte de Arbitragem permanente, rigorosamente independente dos governos.

Incondicional compromisso dos Estados-membros: aceitar os veredictos da Corte e pô-los em execução.

Três Cortes separadas: Europa-África, América e Ásia. A Austrália unida a alguma das três. Uma Corte de Arbitragem idêntica para os conflitos não resolvidos nas três.

A Internacional da Ciência

Durante a guerra, quando a loucura nacional e política atingia o auge, Emile Fisher, numa sessão da Academia, exclamou com vivacidade: "Os senhores não podem nada, mas a ciência é e será internacional." Os melhores sábios sempre souberam disso e viveram com paixão, mesmo que em épocas de crise política tenham ficado submersos no meio de seus confrades de menor envergadura. Quanto à multidão de indivíduos, apesar de seu direito de voto, durante a última guerra e nos dois campos, ela traiu o depósito sagrado que lhe fora confiado! A Associação internacional das Academias foi dissolvida. Congressos se realizaram e ainda se realizam com a exclusão dos colegas dos países antes inimigos. Graves razões políticas, apresentadas com um cerimonial hipócrita, impedem que o ponto de vista objetivo, necessário para o êxito desse nobre ideal, possa predominar.

Que podem fazer as pessoas honestas, não abaladas pelas agitações apaixonadas do imediato, a fim de recuperar aquilo que já se perdeu? E até mesmo no momento presente, não se podem mais organizar congressos internacionais de grande envergadura por causa da extrema agitação da maioria dos intelectuais. E os bloqueios psicológicos contra o restabelecimento das associações científicas internacionais se fazem sentir duramente, a ponto de uma minoria, cheia de ideias e sentimentos mais elevados, não conseguir superá-los. No entanto essa minoria coopera na meta suprema de restabelecer as instâncias internacionais no sentido de manter estreitas relações com os sábios de mesma generosidade moral, e intervindo constantemente na própria esfera de ação para preconizar medidas internacionais. Mas o sucesso, o sucesso definitivo pode demorar. É absolutamente necessário. Aproveito-me da ocasião para felicitar grande número de meus colegas ingleses. Porque, durante todos estes longos anos de fracassos, conservaram bem viva a vontade de salvaguardar a comunidade intelectual.

Em toda parte, as declarações oficiais são mais sinistras do que os pensamentos dos indivíduos. As pessoas honestas têm de abrir os olhos, não se deixarem manipular, enganar: *senatores boni viri, senatus autem bestia*.[3]

Sou fundamentalmente otimista quanto aos progressos da organização internacional geral, não por me basear na inteligência ou na

---

[3] "Os senadores são boas pessoas, mas o Senado é um animal feroz", provérbio latino. (N. do E.)

nobreza dos sentimentos, porém avalio a opressão impiedosa do progresso econômico. Ora, ele depende, em grau muito elevado, da capacidade de trabalho dos sábios, até dos sábios retrógrados! Por isso, mesmo estes últimos ajudarão, sem o saber, a criar a organização internacional.

A respeito das minorias

Infelizmente vai se tornando um lugar-comum: as minorias, particularmente as de traços físicos evidentes, são consideradas pelas maiorias no meio das quais vivem absolutamente como classes inferiores da humanidade.

Esse destino trágico se percebe no drama que vivem naturalmente, tanto no plano econômico quanto no social, e sobretudo no fato seguinte: as vítimas de semelhante horror se impregnam por sua vez, por causa da perversa influência da maioria, do mesmo preconceito de raça e começam a ver seus semelhantes como inferiores. Esse segundo aspecto, mais terrível e mais mórbido, deve ser suprimido por uma coesão maior e uma educação mais inteligente da minoria.

A energia consciente dos negros americanos, tendendo a esse fim, saibamos compreendê-la, praticá-la.

Alemanha e França

Uma colaboração confiante entre a Alemanha e a França não poderá existir se a reivindicação francesa de uma garantia segura em caso de agressão militar não for satisfeita. Mas, se a França fizer tais exigências, essa posição será inevitavelmente malrecebida na Alemanha.

Julgo ser preciso agir de outro modo, creio mesmo que é possível. O governo alemão propõe espontaneamente ao governo francês submeter de comum acordo à Sociedade das Nações uma moção recomendando a todos os Estados participantes que se comprometam acerca dos dois seguintes pontos:

1. Cada país se submete a toda decisão da Corte Internacional de Arbitragem.

2. Cada país, de acordo com todos os outros Estados membros da Sociedade das Nações, e à custa de todos os seus recursos econômicos e militares, intervirá contra qualquer Estado que violar a paz ou que rejeitar uma decisão internacional ditada pelo interesse da paz mundial.

A Comissão de Cooperação Intelectual

Neste ano, pela primeira vez, os políticos europeus competentes tiraram as consequências de sua experiência. Compreendem enfim que nosso continente não pode superar seus problemas a não ser que supere os tradicionais conflitos de sistemas políticos. A organização política europeia se fortaleceria e a supressão das barreiras alfandegárias que dificultam se intensificaria. Objetivo superior que não depende de simples convenções do Estado. É preciso, em primeiro lugar e antes de tudo, uma propedêutica dos espíritos. É necessário, pois, que despertemos nos homens um sentimento de solidariedade que não se detém nas fronteiras, como se faz até agora. Inspirando-se nesse ideal, a Sociedade das Nações criou a Comissão de Cooperação Intelectual. Esta comissão deve ser um organismo absolutamente internacional, afastado de toda política, preocupado exclusivamente com todos os campos da vida intelectual para pôr em comunicação os centros culturais nacionais, isolados desde a guerra. Tarefa pesada! Porque, tenhamos a coragem de confessá-lo — pelo menos nos países que conheço melhor —, os sábios e os artistas se deixam levar pelas tendências nacionalistas agradáveis com maior facilidade do que os homens dotados para ideais mais generosos.

Até o momento esta comissão se reunia duas vezes por ano. Para obter resultados mais satisfatórios, o governo francês decidiu criar e manter permanente um Instituto de Cooperação Intelectual. Acaba de ser inaugurado nestes dias. Esse ato generoso do governo francês merece o reconhecimento de todos.

Tarefa simples e magicamente eficaz, exaltar-se para conceder louvores ou sugerir um grande silêncio sobre aquilo que é de se lamentar ou criticar! Mas o progresso de nossos trabalhos só se faz pela retidão. Por isso não receio exprimir minha apreensão juntamente com minha alegria por essa criação.

Cada dia me convenço mais de que o pior inimigo de nossa comissão está na ausência de convicção em seu objetivo político. Dever-se-ia fazer tudo para fortalecer essa confiança e não aceitar nada que pudesse atingi-la.

Já que o governo francês instala e sustenta em Paris, graças às finanças públicas, um instituto permanente da comissão, tendo por diretor um cidadão francês, aqueles que estão mais distanciados têm a impressão de que a influência francesa nesta comissão é preponderante.

Impressão que aumenta por si mesma, porque até agora o seu presidente era um francês. Mesmo que os homens em questão sejam estimados por todos e em todo lugar, mesmo que se beneficiem da maior simpatia, a impressão se mantém. *Dixi et salvavi animam meam.*[4] Espero de coração que o novo instituto conseguirá, em perfeita e constante harmonia com a comissão, aproximar-se melhor das metas comuns e ganhar a confiança e o reconhecimento dos trabalhadores intelectuais de todos os países.

Civilização e bem-estar

Se se quiser avaliar o desastre que a grande catástrofe política provocou na evolução da civilização, é preciso lembrar-se de que uma cultura mais requintada se assemelha a uma planta frágil, dependente de elementos complexos e que só se desenvolve em alguns poucos lugares. Seu crescimento exige um condicionamento delicado. Porque uma parte da população de um país trabalha em questões não diretamente indispensáveis à conservação da vida. Isso supõe uma viva tradição moral a valorizar os bens e os produtos da civilização. A possibilidade de viver é dada aos que se empregam nesses trabalhos por aqueles que só se entregam aos trabalhos relacionados com as necessidades imediatas da vida.

Nos últimos cem anos, a Alemanha pertencia às culturas que se beneficiam dessas duas condições. O nível de vida era sem dúvida limitado, mas suficiente; porém, quanto à tradição dos valores, esta se revelava preponderante e sobre essa estrutura o povo inventava riquezas culturais indispensáveis ao desenvolvimento moderno. Hoje a tradição, em seu conjunto, ainda se mantém, mas a qualidade de vida se modificou. Retiraram-se, em grande parte da indústria do país, as fontes de matéria-prima de que vivia a parte industriosa da população. O supérfluo necessário aos operários criadores de valores intelectuais começou a faltar de repente. Assim, esse modo de vida acarreta a baixa dos valores da tradição e uma das mais ricas plantações da civilização se transforma em deserto.

Já que dá tanto valor aos dons intelectuais, a humanidade tem a obrigação de se preservar contra o câncer nesse domínio. Irá dar remédio então, com todas as suas forças, à crise momentânea e despertar uma

---

[4] "Tenho dito e salvo a minha alma", isto é: "Não tenho culpa se minhas palavras não são levadas em consideração." (N. do E.)

ideologia comum superior, relegada ao último plano pelo egoísmo nacional: o preço dos valores humanos situa-se para além de qualquer política e de todas as barreiras fronteiriças. A humanidade dará a cada povo condições de trabalho que permitam, de fato, viver e, por conseguinte, criar esses valores de civilização.

Sintomas de uma doença da vida cultural

O intercâmbio incondicional das ideias e das descobertas impõe-se para um progresso harmonioso da ciência e da vida cultural. Em meu entender, a intervenção dos poderes políticos deste país provocou, sem dúvida alguma, um desastre já visível nessa comunicação livre dos conhecimentos entre indivíduos. Manifesta-se primeiro no trabalho científico propriamente dito. Depois, em um segundo tempo, manifesta-se em todas as disciplinas da produção. Os controles das instâncias políticas sobre a vida científica da nação se repercutem muito profundamente pela recusa aos sábios de viajarem para o estrangeiro, imposta aqui, e pela recusa em acolher sábios estrangeiros aqui nos Estados Unidos. Uma atitude tão estranha num país tão poderoso constitui o sintoma aparente de uma doença muito escondida.

E ainda as intervenções na liberdade de comunicar os resultados científicos oralmente ou por escrito, e também o comportamento suspeitoso da comunidade, ladeada por uma organização policial gigantesca, que suspeita da opinião política de cada um, e ainda a angústia de cada indivíduo que quer evitar aquilo que provavelmente o tornaria suspeito e comprometeria então sua existência econômica, tudo isso não passa, no momento, de sintomas. Mas que revelam características inquietadoras, os sintomas do mal.

O mal verdadeiro se elabora na psicose gerada pela guerra, que depois proliferou por toda parte: em tempo de paz, temos de organizar nosso inteiro condicionamento de vida, em particular o trabalho, para estarmos certos da vitória, em caso de guerra.

Essa proposição provoca uma outra: nossa liberdade e nossa existência estão ameaçadas por poderosos inimigos.

A psicose explica as abominações descritas como sintomas. Ela deve — salvo se houver cura — acarretar inevitavelmente a guerra e portanto o aniquilamento geral. Está perfeitamente expressa no orçamento dos Estados Unidos.

Quando tivermos triunfado dessa obsessão, poderemos abordar de modo inteligente o verdadeiro problema político: como assegurar numa terra, agora pequena demais, a existência e as relações humanas? Por que tudo isso? Porque não poderemos nos libertar dos sintomas conhecidos e de outros, se não atacarmos a moléstia pela raiz.

Reflexões sobre a crise econômica mundial

Se há alguma razão para impelir um leigo em questões econômicas a dar corajosamente sua opinião sobre o caráter das dificuldades econômicas angustiantes de nossa época, é certamente a confusão desesperadora dos diagnósticos estabelecidos pelos especialistas. Minha reflexão não é original e apenas representa a convicção de um homem independente e honesto — sem preconceitos nacionalistas e sem reflexos de classe — que deseja ardente e exclusivamente o bem da humanidade, numa organização mais harmoniosa da existência humana. Escrevo como se estivesse seguro da verdade de minhas afirmações, mas o escrevo simplesmente como a forma mais cômoda da expressão e não como testemunho de excessiva confiança em mim mesmo; ou como convicção da infalibilidade de minhas simples concepções sobre problemas de fato terrivelmente complexos.

Creio que esta crise é singularmente diferente das crises precedentes porque depende de circunstâncias radicalmente novas, condicionadas pelo fulgurante progresso dos métodos de produção. Para a produção da totalidade dos bens de consumo necessários à vida, apenas uma fração da mão de obra disponível se torna indispensável. Ora, neste tipo de economia liberal, essa evidência determina forçosamente um desemprego.

Por motivos que não analiso aqui, a maioria dos homens se vê, neste tipo de economia liberal, obrigada a trabalhar para um salário diário que garanta sua necessidade vital. Suponhamos dois fabricantes da mesma categoria de mercadorias, em iguais condições; um produz mais barato se emprega menos operários, se exige que trabalhem por mais tempo e com o rendimento mais próximo das possibilidades físicas do homem. Daí resulta necessariamente que, nas atuais condições dos métodos de trabalho, só uma parte da força de trabalho pode ser utilizada. E, enquanto essa fração é empregada de modo insensato, o resto se vê inevitavelmente excluído do ciclo de produção. Por conseguinte a colocação das mercadorias e a rentabilidade dos produtos diminuem... As empresas entram em falência financeira. O desemprego aumenta e a confiança nas empresas diminui, bem como a participação do público diante dos bancos. Os bancos então vão ser obrigados a cessar seus pagamentos, porque o público retira os depósitos e a economia toda, inteira, fica bloqueada.

Pode-se tentar explicar a crise por outras razões. Vou analisá-las:

Superprodução: distinguimos duas coisas, a superprodução real e a aparente. Por superprodução real, quero indicar o excesso em relação às necessidades; mesmo que haja dúvidas, é provavelmente o caso hoje da produção de veículos automóveis e de trigo nos Estados Unidos. Com frequência, entende-se por superprodução a situação na qual a produção de cada categoria de mercadorias se mostra superior àquilo que pode ser vendido nas atuais condições do mercado, ao passo que os produtos faltam para os consumidores. Isso é a superprodução aparente. Nesse caso, não é a necessidade que falta, mas a capacidade de compra dos consumidores. A superprodução aparente não passa de outro aspecto da crise e portanto não pode servir como explicação geral. Raciocina-se portanto de forma especiosa, quando se torna a superprodução responsável pela crise atual.

Reparações: a obrigação de entregar os pagamentos das diversas reparações pesa sobre os países devedores e sobre sua economia. Obriga-se esses países a praticarem uma política de *dumping* e por conseguinte a prejudicarem os países credores. Essa lei é incontestável. Mas o aparecimento da crise nos Estados Unidos, país protegido por uma barreira alfandegária, prova que a principal causa da crise mundial não está aí. Por causa do pagamento das reparações, a rarefação do ouro nos países devedores pode, quando muito, servir de argumento para invocar um motivo para a supressão destes pagamentos, mas nunca para explicar a crise mundial.

A introdução de numerosas novas barreiras alfandegárias, o aumento das cargas improdutivas devidas aos armamentos, a insegurança política porque o perigo da guerra é constante: todas estas razões explicam a degradação considerável da situação da Europa, sem atingir profunda e verdadeiramente a América. O aparecimento da crise na América permite ver que as causas invocadas não são as causas fundamentais da crise.

Ausência das grandes potências China e Rússia: esta degradação da economia mundial não pode se fazer sentir muito na América, portanto não deve ser a causa principal da crise.

Progressão econômica das classes inferiores desde a guerra: se fosse verdade, produziria a carestia das mercadorias e não o excesso da oferta.

Não quero exasperar o leitor pela enumeração de outros argumentos que, a meu ver, não atingem o cerne do problema. Um ponto é claro. O mesmo progresso técnico, que poderia liberar os homens de grande parte do trabalho necessário à vida, é o responsável pela atual catástrofe. Daí alguns analistas quererem, com a maior seriedade do mundo, impedir a introdução das técnicas modernas! É o cúmulo da insensatez! Mas como, de modo mais inteligente, sair deste beco sem saída?

Se por qualquer meio se conseguisse obter que a capacidade de compra das massas se estabelecesse abaixo do nível julgado mínimo (avaliado pelo custo das mercadorias), as desordens dos circuitos econômicos, aqueles em que vivemos atualmente, seriam impossíveis.

Pela lógica, o método mais simples, mas também o mais audacioso para impedir uma crise, é a planificação econômica da produção e da distribuição dos bens de consumo através de toda a comunidade. No fundo é a experiência hoje tentada na Rússia. Muitas coisas dependerão dos resultados dessa violenta experiência. Mas querer profetizar agora seria temerário. Será que, num sistema desse tipo, se obtém a mesma produção econômica de um sistema que dá ao indivíduo maior independência? Pode ele manter-se sem o terror exercido até hoje, terror a que nenhum de nós, marcados pelos valores "ocidentais", aceitaria submeter-se? Será que um sistema assim rígido e centralizado não se arrisca a impedir qualquer inovação vantajosa e a se tornar uma economia protegida? É preciso absolutamente evitar que nossos pensamentos se mudem em preconceitos, formando um obstáculo à emissão de um juízo objetivo.

Pessoalmente, sou de opinião que, em geral, é bom privilegiar os métodos que se integram nas tradições e nos costumes, quando concordam com a finalidade desejada. Julgo também que a mudança brutal na direção da produção em proveito da comunidade não traz vantagens. A iniciativa privada deve guardar seu terreno de ação se não foi, em forma de cartel, supressa pelo próprio sistema.

De qualquer modo, a economia livre tem de reconhecer limites em dois pontos. O trabalho semanal nas unidades de produção será reduzido pelas disposições legais, a fim de extirpar sistematicamente o desemprego. A fixação dos salários mínimos será estabelecida de modo a fazer corresponder o poder de compra do assalariado com a produção.

Além disso, nas produções que, pela organização dos produtores, gozem da vantagem do monopólio, o Estado fixará e controlará os preços, a fim de conter a expansão do capitalismo nos limites razoáveis e de impedir a asfixia provocada seja pela produção seja pelo consumo.

Seria assim talvez possível reequilibrar a produção e o consumo sem limitar pesadamente a iniciativa privada e, ao mesmo tempo, suprimir talvez, no sentido mais estrito da palavra, o intolerável poder do capitalista, com seus meios de produção (terrenos, máquinas), sobre os assalariados.

A produção e o poder de compra

Não penso que o conhecimento das possibilidades de produção e de consumo seja a panaceia para resolver a crise atual, porque, em geral, esse conhecimento só se elabora mais tarde. Na Alemanha, o mal não consiste na hipertrofia dos meios de produção, mas no diminuto poder de compra da grande maioria da população, posta fora do circuito da produção pela racionalização.

O padrão-ouro tem o grande defeito: a penúria da reserva ouro acarreta automaticamente penúria no volume de crédito e dos meios de pagamento em circulação. Os preços e os salários não podem adaptar-se com suficiente rapidez a essa penúria.

Para suprimir os inconvenientes será preciso, a meu ver:

1. Diminuição legal, gradual, conforme às profissões, do tempo de trabalho para suprimir o desemprego; paralelamente, a fixação de um salário mínimo, para garantir o poder de compra das massas em função das mercadorias produzidas.

2. Regulação dos estoques de dinheiro em circulação e do volume dos créditos, mantendo constante o preço médio das mercadorias e suprimindo qualquer garantia particular.

3. Limitação legal do preço das mercadorias que, por causa dos monopólios ou dos cartéis instituídos, se furtam de fato às leis da livre concorrência.

Produção e trabalho

Caro senhor Cederstroem,

Vejo um vício capital na liberdade quase ilimitada do mercado de trabalho paralelamente aos progressos fantásticos dos métodos de produção. Para corresponder de modo efetivo às necessidades de hoje, toda a mão de obra disponível é amplamente inútil. Daí o desemprego, a concorrência malsã entre os assalariados e, junto com essas duas causas, a diminuição do poder de compra e a intolerável asfixia de todo o circuito vital da economia.

Sei que os economistas liberais afirmam que o acréscimo das necessidades compensa a diminuição da mão de obra. Sinceramente, não o creio. E, mesmo que fosse verdade, esses fatores resultarão em que grande parte da humanidade verá diminuir de modo anormal seu padrão de vida.

Como o senhor, também eu julgo ser absolutamente preciso velar no sentido de que os jovens possam tomar parte no processo da produção. É preciso. Os velhos têm de ser excluídos de alguns trabalhos — a isso dou o nome de trabalho sem qualificação — e receber em compensação uma certa renda, pois anteriormente exerceram por bastante tempo um trabalho produtivo, reconhecido pela sociedade.

Também estou de acordo com a supressão das grandes cidades. Mas recuso-me a aceitar o estabelecimento de uma categoria particular de pessoas, por exemplo os velhos, em cidades particulares. Isso é, para mim, uma ideia abominável.

É necessário impedir as flutuações do valor do dinheiro e, para isso, substituir o padrão-ouro por uma equivalência com base em quantidades determinadas de mercadorias, calcadas sobre as necessidades vitais, como, se não me engano, Keynes já propôs há muito tempo. Pelo emprego desse sistema, poder-se-ia conceder uma certa taxa de inflação ao valor do dinheiro, contanto que se considere o Estado capaz de dar um emprego inteligente àquilo que para ele representa um verdadeiro presente.

As fraquezas de seu projeto se manifestam, em meu entender, na falta de importância concedida aos motivos psicológicos. O capitalismo suscitou os progressos da produção, mas também os do conhecimento, e não por acaso. O egoísmo e a concorrência continuam infelizmente mais poderosos do que o interesse de todos ou que o senso do dever. Na Rússia não se pode nem mesmo obter um bom pedaço de pão. Sem dúvida, sou pessimista demais a respeito das empresas do Estado ou comunidades semelhantes, mas de modo algum creio nelas. A burocracia leva a morte a qualquer ação. Eu vi e vivi demais coisas desanimadoras, mesmo na Suíça, que é, no entanto, relativamente, um bom exemplo.

Inclino-me a pensar que o Estado pode ser realmente eficaz se marcar os limites e harmonizar os movimentos do mundo do trabalho.

Deve velar para reduzir a concorrência das forças de trabalho a limites humanos, garantir a todas as crianças uma educação sólida, garantir um salário suficientemente elevado de forma que os bens produzidos sejam comprados. Por seu estatuto de controle e de regulamentação, o Estado pode realmente intervir, se suas decisões forem preparadas por homens competentes e independentes, com toda a objetividade.

Observações sobre a situação atual da Europa

A situação política atual do mundo e particularmente da Europa parece-me caracterizada por uma discrepância brutal: a evolução política, nos fatos e nas ideias, ficou em enorme atraso em relação ao mundo econômico, radicalmente modificado em tempo extremamente curto. Os interesses dos estados individuais devem subordinar-se aos interesses de uma comunidade singularmente ampliada. A luta pela nova concepção do pensamento e do senso político choca-se com as tradições seculares. Mas à sua benéfica vitória está ligada a possibilidade da Europa de continuar a existir. Minha convicção é que a solução do problema real não demorará muito tempo, assim que os problemas psicológicos forem superados. Para criar uma atmosfera propícia, faz-se mister, antes de mais nada, unificar os esforços pessoais daqueles que perseguem o mesmo ideal. Possam esses esforços combinados chegar a criar uma ponte de confiança recíproca entre os povos!

A respeito da coabitação pacífica das nações

Contribuição ao programa de televisão da senhora Roosevelt

Estou-lhe infinitamente grato, senhora Roosevelt, por oferecer-me a ocasião de manifestar minha convicção sobre esta questão política capital.

A certeza de alcançar a segurança por meio do armamento nacional não passa de sinistra ilusão, quando se reflete no estado atual da técnica militar. Nos Estados Unidos essa ilusão se fortaleceu de modo particular por outra ilusão, a de ter sido o primeiro país capaz de fabricar uma bomba atômica. Gostariam de se persuadir de que os meios de atingir à superioridade militar definitiva haviam sido encontrados. Porque pensavam que, por tais vias, seria possível dissuadir qualquer adversário potencial, e assim salvarem-se a si mesmos e, ao mesmo tempo, a toda a humanidade; o que correspondia ao desejo de segurança exigido por todos. A máxima, a absoluta convicção dos últimos cinco anos, assim se resumia: a segurança em primeiro lugar, seja qual for a dureza da opressão, qualquer que seja o preço.

Eis a consequência inevitável dessa atitude mecânica, técnico-militar e psicológica. Todas as questões de política exterior são agora encaradas por um só ângulo. "Como agir em caso de guerra para que possamos levar a melhor contra nosso adversário?" Estabelecimento de bases militares em todos os pontos do globo que sejam vulneráveis e de importância estratégica; armamento e reforço do poder econômico de aliados potenciais. Dentro dos Estados Unidos, concentração de um poder financeiro fabuloso nas mãos dos militares, militarização da juventude, vigilância sobre o espírito cívico leal do cidadão e especialmente dos funcionários, por uma polícia cada dia mais poderosa, intimidação de pessoas que pensam de modo diferente em política, influência sobre a mentalidade das populações através do rádio, da imprensa, da escola; censura a cada vez maior número de setores da comunicação, sob pretexto de segredo militar.

Outras consequências: a corrida armamentista entre Estados Unidos e Rússia, a princípio considerada necessária como preventiva, toma agora um aspecto histérico. Nos dois campos, a fabricação de armas de destruição continua com uma pressa febril e no maior mistério.

A bomba H aparece no horizonte como um objetivo plausivelmente possível. Sua fabricação acelerada é solenemente anunciada pelo presidente. Se for construída, essa bomba acarretará a contaminação radioativa da atmosfera e com isso o aniquilamento de toda a vida na Terra em toda a extensão que a técnica tornar possível. O horror nesta escalada consiste em sua aparente inevitabilidade. Cada progresso parece a consequência inevitável do progresso precedente. Sempre mais, o aniquilamento geral se apresenta como a consequência fatal.

Nas atuais circunstâncias, poder-se-á pensar em meios de se salvar, quando nós próprios criamos as condições de nossa morte? Todos, e em particular os responsáveis pela política dos Estados Unidos e da URSS, devem chegar a compreender que, de fato, venceram um inimigo exterior, mas não são capazes de se livrar da psicose gerada pela guerra. Não se pode chegar a uma paz verdadeira se se determina sua política exclusivamente pela eventualidade de um futuro conflito, sobretudo quando se tornou evidente que semelhante conflito significaria a completa ruína. A linha diretriz de toda a política deveria ser: que podemos nós fazer para incitar as nações a viverem em comum pacificamente e tão bem quanto for possível? A eliminação do medo e da defesa recíproca, eis o primeiro problema. A solene recusa de empregar a força, uns contra os outros (e não somente a renúncia à utilização dos meios de destruição maciça), impõe-se absolutamente. Tal recusa somente será eficaz se se referir à criação de uma autoridade internacional judiciária e executiva, à qual se delegaria a resolução de qualquer problema concernente diretamente à segurança das nações. A declaração por parte das nações de participar lealmente da instalação de um governo mundial restrito já diminuiria singularmente o risco da guerra.

A coexistência pacífica dos homens baseia-se em primeiro lugar na confiança mútua, e só depois sobre instituições como a justiça ou a polícia. Essa regra aplica-se tanto às nações como aos indivíduos. A confiança implica a sincera relação do *give and take,* quer dizer, do dar e do tomar.

Que pensar do controle internacional? Poderá prestar serviço acessório em sua função policial. Mas sobretudo não demos excessivo valor a sua eficácia. Uma comparação com o tempo da "proibição" nos deixa pensativos!

Para a proteção do gênero humano

A descoberta das reações atômicas em cadeia não constitui para a humanidade perigo maior do que a invenção dos fósforos. Mas temos de empregar tudo para suprimir o seu mau uso. No estado atual da tecnologia, uma organização supranacional só poderá proteger-nos se dispuser de poder executivo suficiente. Quando tivermos reconhecido essa evidência, encontraremos então a força de realizar os sacrifícios necessários para a salvaguarda do gênero humano. Cada um de nós seria culpado se o objetivo não fosse atingido a tempo. O perigo está em que cada um, sem fazer nada, espera que ajam em seu favor. Todo indivíduo, com conhecimentos limitados ou até conhecimentos superficiais baseados na vulgarização técnica, tem o dever de sentir respeito pelos progressos científicos realizados em nosso século. Não é arriscado exaltar demais as realizações científicas contemporâneas, se os problemas fundamentais da ciência estão presentes ao espírito. O mesmo ocorre numa viagem de trem! Observe-se a paisagem próxima, o trem parece voar. Mas, se olhamos os espaços longínquos e os altos cumes, a paisagem só lentamente se modifica. O mesmo acontece quando refletimos nos grandes problemas da ciência.

Pouco importa, a meu ver, discutir sobre *our way of life* ou o dos russos. Nos dois casos, um conjunto de tradições e de costumes não forma um todo muito bem-estruturado. É muito mais inteligente procurar conhecer as instituições e as tradições úteis ou prejudiciais aos homens, benéficas ou maléficas para seu destino. Então será preciso utilizar desse modo o melhor, como tal reconhecido de hoje em diante, sem se preocupar com saber se está sendo realizado agora entre nós ou em outra parte.

Nós, os herdeiros

As gerações anteriores talvez tenham julgado que os progressos intelectuais e sociais apenas representavam os frutos do trabalho de seus antepassados, que conseguiram uma vida mais fácil, mais bela. As cruéis provações de nosso tempo mostram que há aí uma ilusão cheia de consequências.

Compreendemos melhor agora que os esforços mais consideráveis devem ser empregados no sentido de que a herança se torne, para a humanidade, não uma catástrofe, mas uma oportunidade. Se outrora um homem encarnava um valor aos olhos da sociedade quando ultrapassava uma certa medida de seu egoísmo pessoal, deve-se exigir dele hoje que ultrapasse o egoísmo de seu país e de sua classe. Só então, tendo chegado a esse autodomínio, poderá ele melhorar o destino da comunidade humana.

Em face dessa temível exigência de nossa época, os habitantes de pequenos Estados ocupam uma posição relativamente mais favorável do que os cidadãos de grandes Estados, expostos às demonstrações da brutal força política e econômica. A convenção entre a Holanda e a Bélgica que, nestes últimos tempos, é a única a iluminar com uma chama tênue os progressos da Europa, dá o direito de esperar que as pequenas nações tenham um papel essencial: seu modo de lutar e a recusa de uma autodeterminação ilimitada em um pequeno Estado isolado chegarão à liberação da escravidão degradante do militarismo.

CAPÍTULO III

Luta contra o Nacional-Socialismo

Profissão de fé

Março 1933

Recuso-me a permanecer em um país onde a liberdade política, a tolerância e a igualdade não são garantidas pela lei. Por liberdade política entendo a liberdade de expressar publicamente ou por escrito minha opinião política; e por tolerância, o respeito a toda convicção individual.

Ora, a Alemanha de hoje não corresponde a essas condições. Os homens mais devotados à causa internacional e alguns grandes artistas são ali perseguidos.

Como um indivíduo, um organismo social pode cair psicologicamente doente, sobretudo em épocas de crise. Em geral, as nações tomam a peito vencer tais doenças. Espero portanto que sadias relações se restabeleçam na Alemanha e que, no futuro, gênios como Kant e Goethe não sejam motivo de rito de um festival de cultura, mas que os princípios essenciais de suas obras se imponham concretamente na vida pública e na consciência de todos.

Correspondência com a Academia das Ciências da Prússia

Declaração da Academia a 1.º de abril de 1933

Com indignação, a Academia das Ciências da Prússia tomou conhecimento, mediante artigos dos jornais, da participação de Albert Einstein na abominável campanha de imprensa levada a efeito na França e na América. Por conseguinte exigiu imediatamente suas explicações. Nesse ínterim, Einstein pediu demissão da academia, apresentando como pretexto não mais poder se considerar cidadão prussiano sob um tal regime. E, já que foi cidadão suíço, parece assim ter o propósito de renunciar à nacionalidade prussiana recebida em 1913, quando foi admitido na academia como membro ordinário.

Diante desse comportamento contestatório de A. Einstein no estrangeiro, a Academia de Ciências da Prússia sente grande tristeza, quanto mais que ela e seus membros, já há longos anos, se sentem afeiçoados ao Estado da Prússia e que, apesar das reservas que se impõem estritamente no domínio político, sempre defenderam e exaltaram a ideia da Nação. Por esse motivo, a academia não vê nenhum motivo para lastimar a partida de Einstein. Pela Academia de Ciências da Prússia,

Prof. Doutor Ernst Heymann,
Secretário perpétuo

Resposta de A. Einstein à Academia das Ciências da Prússia

Le Coq, perto de Ostende, 5 de abril de 1933

Soube por fonte absolutamente segura que a Academia das Ciências falou, em uma declaração oficial, sobre a "participação de Albert Einstein na abominável campanha de imprensa levada a efeito na França e na América".

Declaro que jamais participei de uma campanha e devo acrescentar que nunca assisti a qualquer coisa desse gênero. Em realidade, no máximo em algumas reuniões contentaram-se com lembrar e comentar as ordens e manifestações oficiais de personalidades responsáveis do governo alemão, bem como o programa relativo ao aniquilamento dos judeus alemães no domínio econômico.

As declarações que entreguei à imprensa referem-se à minha demissão da academia e à minha renúncia à cidadania prussiana. Baseei minha decisão neste argumento: jamais viverei num lugar onde os cidadãos suportam a desigualdade de direitos perante a lei e onde as ideias e o ensino dependem de controle do Estado.

Já expliquei com clareza meu ponto de vista sobre a Alemanha atual, com as massas enfermas psiquicamente, e também expliquei minha opinião sobre as causas dessa moléstia.

Em escrito entregue, para fins de difusão, à Liga Internacional para a Luta contra o Antissemitismo — texto não diretamente destinado à imprensa — eu pedia a todos os homens sensatos e ainda fiéis aos ideais de uma civilização ameaçada que unissem todos os esforços para que essa psicose das massas que se manifesta na Alemanha de maneira tão horrível não venha a se alastrar mais ainda.

Teria sido fácil para a academia conseguir o texto exato de minhas declarações antes de se pronunciar a meu respeito da maneira como o fez. A imprensa alemã reproduziu minhas declarações de modo tendencioso, como se poderia esperar de uma imprensa amordaçada como a de hoje. Declaro-me responsável por cada palavra publicada por mim. E espero, já que ela se associou a essa difamação, que leve também esta declaração ao conhecimento de seus membros, bem como do público alemão, diante do qual fui caluniado.

Duas cartas da Academia da Prússia

1

Berlim, 7 de abril de 1933

Digníssimo sr. Professor,

Como secretário atualmente em exercício da Academia da Prússia, acuso o recebimento de sua comunicação, datada de 28 de março, pela qual pede demissão desta academia. Na sessão plenária de 30 de março, a academia tomou conhecimento de sua saída.

Se a academia lamenta profundamente esta saída, o pesar se baseia principalmente no fato de que um homem do mais alto valor científico, cuja atividade exercida durante longos anos entre os alemães e o fato de pertencer à nossa academia deveriam ter integrado na maneira de ser e de pensar alemã, tenha se adaptado, atualmente e no estrangeiro, a um meio ambiente que — certamente e em parte pelo desconhecimento das circunstâncias e dos reais acontecimentos — se empenha em difundir juízos errôneos e suspeitas injustificadas para prejudicar o povo alemão. De um homem que por tanto tempo pertenceu a nossa academia, teríamos o direito de esperar sem dúvida que, sem considerações sobre sua posição política pessoal, se poria ao lado daqueles que em nossa época defendem nosso povo contra uma campanha de calúnias. Nestes dias de suspeitas em parte escandalosas, em parte ridículas, como teria sido poderoso no estrangeiro seu testemunho em favor do povo alemão. Que, ao contrário, seu testemunho tenha sido aproveitado por aqueles que, superando a fase de desaprovação do atual governo, se consideram no direito de rejeitar e combater o povo alemão, isto nos causou grande e amarga desilusão, que nos teria constrangido a um rompimento, mesmo que sua carta de demissão não nos houvesse chegado às mãos.

Com nossos profundos respeitos,
von Ficker.

2

11 de abril de 1933

A Academia das Ciências comunica, a respeito, que sua declaração do dia 1.º de abril de 1933 não se baseia exclusivamente nas informações da imprensa alemã, mas sobretudo nos jornais estrangeiros, particularmente belgas e franceses, que o sr. Einstein não rejeitou. Além do mais, a academia veio a conhecer, entre outras coisas, sua declaração à Liga contra o Antissemitismo, declaração largamente difundida sob sua forma literal, em que dirige ataques contra a volta alemã à barbárie de tempos de há muito esquecidos. Aliás, a academia verifica que o sr. Einstein, que, segundo a própria declaração, não participou de nenhuma campanha, nada absolutamente fez para contestar as calúnias e as difamações; no entanto, julgava que um de seus membros mais antigos tinha o dever de combatê-las. Muito ao contrário, o sr. Einstein fez declarações no estrangeiro que, como testemunho de um homem de reputação internacional, foram aproveitadas e deformadas naqueles meios que desaprovam o atual governo alemão e contestam e condenam a totalidade do povo alemão.

Pela Academia das Ciências da Prússia,
H. von Ficker, E. Heymann,
secretários perpétuos.

Resposta de Albert Einstein

Le Coq/Mer, Bélgica, 12 de abril de 1933

Acabo de receber sua carta de 7 de abril e deploro imensamente o estado de espírito que revela.

Quanto aos fatos, eis minha resposta.

A afirmação sobre minha atitude retoma sob outra forma sua declaração anterior: os senhores me acusam de ter participado de uma campanha contra o povo alemão. Repito minha carta precedente: sua afirmação é uma calúnia.

Os senhores também observam que "um testemunho" de minha parte em favor do "povo alemão" teria tido imensa repercussão no estrangeiro. A isso respondo. Semelhante testemunho, como os senhores o imaginam, significaria para mim a negação de todas as concepções de justiça e de liberdade, pelas quais me bati durante a vida inteira. Tal testemunho, como dizem, não teria servido à honra do povo alemão, degradado e aviltado. Não teria o lugar de honra que o povo alemão conquistou na civilização mundial. Por um testemunho assim, nas atuais circunstâncias e mesmo de modo indireto, eu teria permitido o terrorismo dos costumes e a aniquilação de todos os valores.

Justamente por essas razões eu me senti moralmente obrigado a deixar a Academia. Sua carta me confirma quanta razão tenho eu em fazê-lo.

Carta da Academia das Ciências da Baviera

Munique, 8 de abril

Senhor,
Em sua carta à Academia das Ciências da Prússia, o senhor fundou sua demissão no estado de fato reinante na Alemanha. A Academia das Ciências da Baviera, que o elegeu há alguns anos como membro correspondente, é igualmente uma academia alemã, em total solidariedade com a Academia da Prússia e as outras. Por conseguinte, sua ruptura com a Academia das Ciências da Prússia não pode ficar sem influência sobre suas relações com nossa academia.

Depois do que se passou entre o senhor e a Academia da Prússia, queremos portanto perguntar-lhe como encara suas relações conosco.

A Presidência da Academia das Ciências da Baviera

Resposta de Albert Einstein

Le Coq/Mer, 21 de abril de 1933

Baseei minha demissão da Academia das Ciências da Prússia nesta evidência: na situação atual, não posso ser cidadão alemão nem me encontrar, seja de que modo for, sob a tutela do Ministério da Instrução Pública da Prússia. Essa razão por si só não me obrigaria a uma ruptura com a Academia da Baviera. No entanto, se desejo que meu nome seja riscado da lista dos membros correspondentes, tenho uma outra razão. As academias reconhecem como principal responsabilidade sua a promoção e a salvaguarda da vida científica de um país. Ora, as comunidades culturais alemãs, na medida em que posso sabê-lo, aceitaram sem protestos que uma parte não pequena de sábios e de estudantes alemães, bem como de trabalhadores dependentes da instrução acadêmica, tivesse sido privada da possibilidade de trabalho e até mesmo de viver na Alemanha! Com uma academia que tolera semelhante segregação, mesmo por constrangimento exterior, eu jamais poderei colaborar!

Resposta ao convite para participar de uma manifestação

Estas linhas são a resposta ao convite dirigido a Einstein para participar de uma manifestação francesa contra o antissemitismo alemão.

Analisei cuidadosamente, sob todos os pontos de vista, seu pedido tão importante. Porque ele me diz respeito de modo muito íntimo. Recuso-me a participar de sua manifestação, malgrado sua extrema importância, por duas razões:

Em primeiro lugar, sou ainda cidadão alemão, e, em segundo, sou judeu. Não me esqueço de que trabalhei em instituições alemãs e fui considerado na Alemanha uma pessoa de confiança. Mesmo sofrendo e deplorando que fatos tão inquietadores se estejam produzindo em meu país, mesmo devendo condenar as terríveis aberrações que se realizam com a cumplicidade do governo, não posso colaborar pessoalmente com uma organização provinda de personalidades oficiais de um governo estrangeiro. Para avaliar corretamente esse ponto de vista, peço-lhe imaginar um cidadão francês, colocado em idêntica situação, quer dizer, organizando com eminentes políticos alemães uma manifestação contra as decisões do governo francês. Mesmo que julgasse perfeitamente fundada essa atitude, o senhor com toda a probabilidade consideraria a participação de seu concidadão um ato de traição! Se Zola, por ocasião da questão Dreyfus, tivesse sido obrigado a deixar a França, certamente não teria participado de uma manifestação de personalidades alemãs, ainda que, de fato, a aprovasse totalmente. Ele se isolaria, rubro de vergonha por seus compatriotas.

Eu sou judeu. Um protesto contra as injustiças e os atos de violência adquire incomparável valor significativo quando provém de pessoas que participam exclusivamente por sentimentos de humanidade e de amor da justiça. Mas eu, por ser judeu, considero os outros judeus meus irmãos e sinto a injustiça feita a um judeu como uma injustiça pessoal. Penso que não posso tomar partido. Mas espero que pessoas não diretamente envolvidas definam sua posição.

São essas as minhas razões. Não me esqueço de que sempre admirei e respeitei o elevado desenvolvimento do sentimento da justiça. Constitui um dos aspectos mais nobres da tradição do povo francês.

CAPÍTULO IV

Problemas judaicos

Os ideais judaicos

A paixão pelo conhecimento em si mesmo, a paixão da justiça até o fanatismo e a paixão da independência pessoal exprimem as tradições do povo judeu e considero minha pertença a essa comunidade como um dom do destino.

Aqueles que hoje se desencadeiam contra os ideais de razão e de liberdade individual e que, com os meios do terror, querem reduzir os homens a escravos imbecis do Estado nos consideram com justiça como seus irreconciliáveis adversários. A História já nos impôs um terrível combate. Mas, por longa que seja nossa defesa do ideal de verdade, de justiça e de liberdade, continuamos a existir como um dos mais antigos povos civilizados, e sobretudo realizamos no espírito da tradição um trabalho criador para a melhoria da humanidade.

Há uma concepção judaica do mundo?

Não penso que exista semelhante concepção do mundo, no sentido filosófico do termo. O judaísmo, quase exclusivamente, trata da moral, quer dizer, analisa uma atitude na e para a vida. O judaísmo encarna antes as concepções vivas da vida no povo judeu do que o resumo das leis contidas na Torá e interpretadas no Talmude. A Torá e o Talmude representam para mim o testemunho mais importante da ideologia judaica nos tempos de sua história antiga.

A natureza da concepção judaica da vida se traduz assim: direito à vida para todas as criaturas. A significação da vida do indivíduo consiste em tornar a existência de todos mais bela e mais digna. A vida é sagrada, representa o supremo valor a que se ligam todos os outros valores. A sacralização da vida supraindividual incita a respeitar tudo quanto é espiritual — aspecto particularmente significativo da tradição judaica.

O judaísmo não é uma fé. O Deus judeu significa a recusa da superstição e a substituição imaginária para esse desaparecimento. Mas é igualmente a tentação de fundar a lei moral sobre o temor, atitude deplorável e ilusória. Creio no entanto que a possante tradição moral do povo judeu já se libertou amplamente desse temor. Compreende-se claramente que "servir a Deus" equivale a "servir à vida". Com essa finalidade, as melhores testemunhas do povo judeu, em particular os profetas e Jesus, se bateram incansavelmente.

O judaísmo não é uma religião transcendente. Ocupa-se unicamente da vida que se leva, carnal por assim dizer, e de nada mais. Julgo problemático que possa ser considerado como religião no sentido habitual do termo, tanto mais que não se exige do judeu nenhuma crença, mas antes o respeito pela vida no sentido suprapessoal.

Existe enfim outro valor na tradição judaica, que se revela de modo magnífico em numerosos salmos. Uma espécie de alegria embriagadora, um maravilhar-se diante da beleza e da majestade do mundo exalta o indivíduo, mesmo que o espírito não consiga conceber sua evidência. Esse sentimento, onde a verdadeira pesquisa vem haurir sua energia espiritual, lembra o júbilo expresso pelo canto dos pássaros diante do espetáculo da natureza. Aqui se manifesta uma espécie de semelhança com a ideia de Deus, um balbuciar de criança diante da vida.

Tudo isso caracteriza o judaísmo e não se encontra em outra parte sob outros nomes. Com efeito, Deus não existe para o judaísmo, onde o respeito excessivo pela letra esconde a doutrina pura. Contudo considero o judaísmo como um dos simbolismos mais puros e mais vivos da ideia de Deus, sobretudo porque recomenda o princípio do respeito à vida.

É revelador que, nos mandamentos relativos à santificação do Sabat, os animais sejam expressamente incluídos, de tal forma a comunidade dos vivos é percebida como um ideal. Mais nitidamente ainda se expressa a solidariedade entre os humanos, e não é por acaso que as reivindicações socialistas emanem sobretudo dos judeus.

Como é viva no povo judeu a consciência da sacralização da vida! É muito bem-ilustrada até na historiazinha que Walter Rathenau me contou um dia:

"Quando um judeu diz que caça por seu prazer, ele mente." A vida é sagrada. A tradição judaica manifesta essa evidência.

Cristianismo e judaísmo

Se se separa o judaísmo dos profetas, e o cristianismo tal como foi ensinado por Jesus Cristo de todos os acréscimos posteriores, em particular aqueles dos padres, subsiste uma doutrina capaz de curar a humanidade de todas as moléstias sociais.

O homem de boa vontade deve tentar corajosamente em seu meio e, na medida do possível, tornar viva essa doutrina de uma humanidade perfeita. Se realizar lealmente essa experiência, sem se deixar eliminar ou silenciar pelos contemporâneos, terá o direito de se julgar feliz, ele e sua comunidade.

Comunidade judaica

Discurso pronunciado em Londres

Tenho dificuldade em vencer minha atração por uma vida de retiro tranquilo. Todavia não posso me furtar ao apelo das sociedades O.R.T. e O.Z.E.[5] Ele evoca o apelo de nosso povo judeu tão duramente perseguido. E eu lhe respondo.

A situação de nossa comunidade judaica dispersa pela terra indica igualmente a temperatura do nível moral no mundo político. Que poderia haver de mais revelador para avaliar a qualidade da moral política e do sentimento de justiça que a atitude das nações diante de uma minoria indefesa, cuja única singularidade consiste em querer manter uma tradição cultural?

Ora, essa qualidade está desaparecendo em nossa época. Nosso destino prova-o tragicamente. Porque a atitude dos homens para conosco fornece a prova: é preciso portanto consolidar e manter essa comunidade. A tradição do povo judeu comporta uma vontade de justiça e de razão, proveitosa para o conjunto dos povos de ontem e de amanhã. Spinoza e Karl Marx estavam impregnados dessa tradição.

Quem quer manter o espírito deve se preocupar também com o corpo, que é seu invólucro. A sociedade O.Z.E. presta serviços ao corpo de nosso povo, no sentido literal da palavra. Na Europa Oriental, ela trabalha sem descanso para manter o bom estado físico de nosso povo, lá onde já é severamente oprimido na sobrevivência econômica, ao passo que a sociedade O.R.T. está a postos para conjurar uma terrível injustiça social e econômica a que o povo judeu está submetido desde a Idade Média. Com efeito, desde a Idade Média, as profissões diretamente produtivas nos foram proibidas, fomos então obrigados a nos entregar a profissões mercantis. Nos países orientais, ajudar realmente o

---

[5] Sociedade de estímulo ao trabalho artesanal e agrícola. — Sociedade para a proteção da saúde dos judeus.

povo judeu equivale a dar-lhe livre acesso a novos setores profissionais e por essa causa o povo judeu se bate no mundo inteiro. A sociedade O.R.T. trabalha com eficácia para resolver esse problema delicado.

Os senhores, compatriotas ingleses, estão convidados para esta obra de grande envergadura, dela participando e continuando o trabalho criado por homens superiores. Nestes últimos anos, e mesmo nestes últimos dias, causaram-nos uma decepção que deve ser de grande interesse para todos os senhores. Não lamentemos nossa sorte! Mas procuremos encontrar no fato um motivo suplementar de viver e de manter nossa fidelidade à causa da comunidade judaica. Creio muito sinceramente que, de modo indireto, nós preservamos os objetivos comuns da humanidade. Ora, estes devem continuar a ser para nós os mais elevados.

Reflitamos também que dificuldades e obstáculos impelem à luta e a provocam, dando saúde e vida a toda a comunidade. A nossa não teria sobrevivido, se apenas tivéssemos vivido nos prazeres. Disso estou intimamente persuadido.

Um consolo ainda mais belo nos espera. Nossos amigos não são uma multidão, mas entre eles há homens de inteligência e senso moral elevadíssimos. Consideram um ideal de vida aperfeiçoar a comunidade humana e libertar os indivíduos de qualquer opressão aviltante.

Estamos contentes e felizes por contar entre nós hoje com homens deste calibre. Não pertencem ao mundo judeu, mas conferem a esta importante sessão uma solenidade particular. Alegro-me por ver diante de mim Bernard Shaw e H.G. Wells. Suas concepções da vida me seduzem.

O senhor, sr. Shaw, foi bastante feliz em ganhar a afeição e a estima alegre dos homens num terreno em que outros ganharam o martírio. Não apenas o senhor pregou a moral aos homens, mas soube zombar daquilo que para todos parecia um tabu inviolável. O que fez, somente um artista era capaz. O senhor fez surgir de sua caixinha mágica inúmeras figurinhas que se parecem com os homens, e criou-as, não de carne e osso, mas de espírito, de fineza e de graça. Elas chegam a se assemelhar aos homens mais do que nós próprios, tanto que esquecemos de que não se trata de criações da natureza, mas obra sua. O senhor movimenta essas figurinhas em um pequeno universo, onde as graças estão vigilantes e impedem todo o ressentimento. Quem quer que tenha observado este microscópico universo terá descoberto nosso universo real visto sob nova luz. Vê as figurinhas se introduzirem tão habilmente nos homens reais que estes de repente adquirem nova imagem, bem diferente da anterior. E, por colocar nas mãos de todos nós o espelho, o senhor nos ensina a libertar-nos, como quase nenhum de nossos contemporâneos o soube fazer. Com isso o senhor retirou da existência algo de seu peso terrestre. Nós lhe estamos agradecidos do fundo do coração e aplaudimos o acaso que nos gratificou, através de penosos sofrimentos, com um médico da alma, com um libertador. Pessoalmente eu lhe agradeço pelas inesquecíveis palavras dirigidas a meu irmão mítico, que complica muito minha vida, embora em sua grandeza rija, honorífica, no fundo não passe de um camarada inofensivo.

Aos senhores, meus irmãos judeus, repito que a existência e o destino de nosso povo dependem menos de fatores exteriores que de nossa fidelidade às tradições morais que nos sustentaram durante séculos na vida, apesar das terríveis tempestades desencadeadas sobre nós. Sacrificar-se a serviço da vida equivale a uma graça.

Antissemitismo e juventude acadêmica

Enquanto vivíamos num gueto, o fato de pertencermos ao povo judeu acarretava dificuldades materiais, às vezes até perigos físicos; em compensação jamais problemas sociais e psíquicos. Com a emancipação, a situação de fato se modificou radicalmente, em particular para os judeus que se encaminharam às profissões liberais.

O jovem judeu na escola e na universidade está sob a influência de uma sociedade estruturada de maneira nacional. Ele a respeita, admira-a, recebe sua bagagem intelectual; sente que lhe pertence, mas ao mesmo tempo percebe ser tratado por ela como estrangeiro, com um certo desdém e até alguma aversão. Mas, arrastado pela sugestiva influência dessa força psíquica superior mais do que por considerações utilitárias, ele se esquece de seu povo e de suas tradições e se considera definitivamente integrado aos outros, enquanto procura se disfarçar, a si e aos outros, mas sem resultado porque essa conversão é sempre unilateral. Assim se reconstitui a história do funcionário judeu convertido, ontem como hoje digna de lástima! As causas são, não a falta de caráter ou a ambição desmedida, mas antes, como já fiz notar, a força de persuasão de um ambiente mais ponderável em número e em influência.

Evidentemente bom número de filhos muito dotados do povo judeu contribuiu largamente para os progressos da civilização europeia, mas, com algumas exceções, seu comportamento não foi sempre dessa natureza?

Como para todas as doenças psíquicas, a cura exige uma clara explicação da natureza e das causas do mal. Temos de elucidar perfeitamente nossa condição de estrangeiro e daí deduzir as consequências. É estúpido querer convencer outrem, mediante todo tipo de raciocínio, de nossa identidade intelectual e espiritual com ele. Porque a própria base de seu comportamento não é obtida pela mesma camada cerebral. Temos de emancipar-nos socialmente, encontrar por nós mesmos a solução para nossas necessidades sociais. Temos de formar nossas sociedades de estudantes, comportar-nos frente a não judeus com toda a cortesia, mas com lógica. Queremos também viver a nosso modo, não imitar os costumes dos espadachins e dos beberrões. Nada disso nos diz respeito. Pode-se conhecer a cultura da Europa e viver como bom cidadão de um Estado, sem deixar de ser ao mesmo tempo um judeu fiel. Não nos esqueçamos disso e façamos assim! O problema do antissemitismo, em sua manifestação social, será resolvido então.

Discurso sobre a obra de construção na Palestina

1. Há dez anos, tive a alegria de encontrá-los pela primeira vez. Tratava-se de incrementar a ideia sionista e tudo ainda estava no futuro. Hoje, podemos encarar estes dez anos passados com alguma alegria. Porque neles, as forças conjuntas do povo judaico realizaram na Palestina uma obra magnífica de construção, perfeitamente eficaz e bem superior a nossas mais loucas esperanças.

Assim superamos a dura provação que os acontecimentos dos últimos anos nos infligiram. Um trabalho incessante, sustentado por uma ideologia elevada, conduz lenta mas seguramente ao êxito. As últimas declarações do governo inglês marcam uma volta a uma avaliação mais correta de nossa situação. Nós o reconhecemos com gratidão.

Todavia não nos esqueçamos nunca da lição desta crise. O estabelecimento de uma satisfatória cooperação entre judeus e árabes não é problema da Inglaterra, mas nosso. Nós, judeus e árabes, temos de nos pôr de acordo entre nós acerca das linhas diretrizes de uma política de comunidade eficaz e adaptada às necessidades dos dois povos.

Uma solução honrosa, digna de nossas duas comunidades, exige de nós a seguinte convicção: o objetivo, capital e magnífico, conta tanto quanto a própria realização do trabalho. Reflitamos neste exemplo: a Suíça representa uma evolução estatal mais progressista do que qualquer outro Estado, justamente por causa da complexidade dos problemas políticos. Mas sua solução exige, por hipótese, uma constituição estável, já que se refere a uma comunidade formada de vários agrupamentos nacionais.

Muito ainda há por fazer. Mas um dos pontos mais ardentemente desejados por Herzl já foi alcançado. O trabalho pela Palestina ajudou o povo judeu a descobrir em si a solidariedade e a forjar para si uma disposição de ânimo. Porque todo organismo tem precisão dela para se desenvolver normalmente. Aquele que deseja compreendê-lo realmente pode ver hoje essa evidência.

Aquilo que realizamos para a obra comum, não a realizamos somente por nossos irmãos, na Palestina, mas para a moral e a dignidade de todo o povo judeu.

2. Estamos hoje reunidos para comemorar uma comunidade milenar, seu destino e seus problemas, e uma comunidade de tradição moral, que nos momentos de provação sempre revelou sua força e amor pela vida. Em todas as épocas, suscitou homens que encarnaram a consciência do mundo ocidental, e que defenderam a dignidade da pessoa humana e da justiça.

Enquanto esta comunidade for cara a nosso coração, ela se perpetuará para a salvação da humanidade, embora continue informal sua organização. Há algumas décadas, homens inteligentes, entre eles o inesquecível Herzl, pensaram que tínhamos necessidade de um centro espiritual para manter o sentimento de solidariedade no momento da provação. Assim se desenvolveu a ideia sionista e a colonização na Palestina. Pudemos ver os sucessos dessas realizações, sobretudo nos inícios cheios de promessas.

Com satisfação, foi-me dado verificar que esta obra tinha grande impacto no moral do povo judeu. Minoria dentro das nações, o judeu conhece problemas de coexistência, mas sobretudo tem de se haver com outros perigos, mais íntimos, inerentes à sua psicologia.

Nestes últimos anos, a obra de construção sofreu uma crise que pesou enormemente sobre nós e ainda não está totalmente superada. Contudo as últimas notícias provam que o mundo e em particular o governo inglês estão dispostos a reconhecer os elevados valores morais, revelados em nosso ardor pela realização sionista. Neste exato momento, tenhamos um pensamento reconhecido para com nosso chefe Weizmann que assegurou o êxito da boa causa com um devotamento e uma prudência sem igual.

As dificuldades encontradas provocaram felizes consequências. De novo mostraram o poder dos laços entre os judeus de todos os países, principalmente acerca de seu destino. Mas esclareceram nossa maneira de ver o problema palestino, libertando-a das impurezas de uma ideologia nacionalista. Proclamou-se abertamente que nossa meta não é a criação de uma comunidade política, mas que nosso ideal, fundado na antiga tradição do judaísmo, se propõe a criação de uma comunidade cultural, no sentido mais amplo do termo. Para consegui-lo, temos de resolver, nobremente, publicamente, dignamente, o problema da coabitação com o povo irmão dos árabes. Temos a oportunidade de provar aquilo que aprendemos durante os séculos de um passado vivido duramente. Se descobrirmos o caminho exato, ganharemos e serviremos de exemplo para outros povos.

Aquilo que empreendemos para a Palestina, nós o realizamos pela dignidade e a moral de todo o povo judeu.

3. Alegro-me com a ocasião que me é oferecida de dizer algumas palavras à juventude deste país, fiel aos objetivos gerais do judaísmo. Não desanimem pelas dificuldades que temos de enfrentar na Palestina. Situações deste tipo constituem experiências indispensáveis para o dinamismo de nossa comunidade.

Com razão criticamos as medidas e as manifestações do governo inglês. Não devemos contentar-nos com isso, mas procurar também tirar suas consequências.

Devemos manter em nossas relações com o povo árabe a mais extrema vigilância. Graças a essa atitude, poderemos evitar que no futuro tensões muito perigosas venham a se manifestar e poderiam ser aproveitadas como uma provocação a atos belicosos. Com facilidade poderemos atingir nosso objetivo, porque nossa realização foi e é concebida de maneira a servir também aos interesses concretos da população árabe.

Conseguiremos então impedir a situação catastrófica tanto para os judeus quanto para os árabes de apelar para a potência mandatária como árbitro. Nesse espírito, seguiremos a via da sabedoria, mas também das tradições que dão à comunidade judaica seu sentido e sua força. Porque esta comunidade não é política e não deve vir a sê-lo. Exclusivamente moral, assim ela existe. Unicamente nesta tradição poderá encontrar novas energias, e unicamente nesta tradição reconhece sua razão de ser.

4. Há dois milênios, o valor comum a todos os judeus está encarnado em seu passado. Para este povo disperso pelo mundo somente existia um único lugar, ciosamente mantido, o da tradição. Evidentemente judeus, enquanto indivíduos, criaram grandes valores de civilização. Mas o povo judeu, como tal, não parecia ter a força das grandes realizações coletivas.

Tudo se transformou agora. A História confiou-nos nobre e importante missão sob a forma de uma colaboração ativa para construir a Palestina. Irmãos notáveis já trabalham com todas as forças para a realização deste objetivo. Temos a possibilidade de instalar focos de civilização nos quais todo o povo judeu pode reconhecer sua obra. Esperamos profundamente estabelecer na Palestina um lugar para as famílias e para uma civilização nacional própria, que permita despertar o Oriente Médio para uma vida econômica e intelectual.

A meta preconizada pelos chefes sionistas não quer ser política, mas antes social e cultural. A comunidade na Palestina deve aproximar-se do ideal social de nossos antepassados, tal como está escrito na Bíblia; deve ao mesmo tempo tornar-se um lugar para os encontros intelectuais modernos, um centro intelectual para os judeus do mundo inteiro. A fundação de uma universidade judia em Jerusalém representa, nessa ordem de ideias, uma das metas principais da organização sionista.

Fui nestes últimos meses à América para auxiliar a constituir a vida material desta universidade. O sucesso dessa campanha impôs-se por si mesmo.

Graças à incansável atividade, à generosidade ilimitada dos médicos judeus, recolhemos bastantes meios para iniciar a fundação de uma faculdade de medicina e imediatamente começamos seus trabalhos preparatórios. De acordo com os atuais resultados, sem dúvida alguma obteremos as estruturas materiais indispensáveis para as outras faculdades, e sem delongas. A faculdade de medicina deve ser concebida principalmente como um instituto de pesquisa. Agirá diretamente para o saneamento do país, função indispensável em nossa empresa.

O ensino em um nível mais alto só se desenvolverá mais tarde. Como já se encontrou suficiente número de sábios capazes e responsáveis para uma cátedra na universidade, a fundação da faculdade de medicina, ao que parece, não coloca mais problemas. Noto no entanto que um fundo particular foi previsto para a universidade, fundo absolutamente separado dos capitais necessários à construção do país. Para esses fundos particulares, nos últimos meses, graças ao incansável esforço do professor Weizmann e de outros chefes sionistas na América, reuniram-se somas muito importantes, graças sobretudo às elevadas doações da classe média. Termino por um vibrante apelo aos judeus alemães. Que contribuam, apesar da terrível situação econômica atual, para possibilitar com todas as suas forças a criação de um lar judeu na Palestina. Não, não se trata de um ato de caridade, mas de uma obra que diz respeito a todos os judeus. Seu êxito será para todos a ocasião da mais perfeita satisfação.

5. Para nós, judeus, a Palestina não se apresenta sob o aspecto de uma obra de caridade ou de uma implantação colonial. Trata-se de um problema de fundo, essencial para o povo judeu. E, em primeiro lugar, a Palestina não é um refúgio para os judeus orientais, mas antes a encarnação renascente do sentimento da comunidade nacional de todos os judeus. Será necessário, será oportuno despertar e reforçar esse sentimento? A esta pergunta não respondo levado por um sentimento reflexo, mas por sólidas razões.

Digo sim sem reserva alguma. Analisemos rapidamente o desenvolvimento dos judeus alemães nestes últimos cem anos! Há um século, nossos antepassados viviam, com raras exceções, no gueto. Eram pobres, sem direitos políticos, separados dos não judeus por um muro de tradições religiosas, de conformismo na vida e de jurisdições limitativas. Estavam mesmo fechados, em sua vida intelectual, dentro da própria literatura. Eram pouco e superficialmente marcados pelo possante despertar que havia sacudido a vida intelectual da Europa desde a Renascença. Mas esses homens, de pouca importância e sem grande influência, guardavam uma força superior à nossa. Cada um deles pertencia por todas as fibras de seu ser a uma comunidade da qual se sentia membro integral. Exprimia-se e vivia em uma comunidade que nada exigia dele que fosse de encontro com seu modo de pensar natural. Nossos antepassados de então eram certamente miseráveis física e intelectualmente, mas socialmente se revelavam de espantoso equilíbrio moral.

Depois houve a emancipação, que, de repente, ofereceu ao indivíduo possibilidades de progresso insuspeitadas. Os indivíduos, cada qual por seu lado, adquiriam rapidamente situações nas camadas sociais e econômicas mais elevadas da sociedade. Com paixão haviam assimilado as conquistas principais que a arte e a ciência ocidental criaram. Participavam com intenso fervor deste movimento, e eles próprios criavam obras duradouras. Devido a essa atitude, adotaram as formas exteriores do mundo não judeu e aos poucos foram se afastando de suas tradições religiosas e sociais, aceitando costumes, padrões de vida, modos de pensar estranhos ao mundo judeu. Poder-se-ia pensar que iriam assemelhar-se completamente aos povos entre os quais viviam, povos quantitativamente mais numerosos e política e culturalmente mais bem-coordenados, ao ponto de, em algumas gerações, nada mais subsistir de visível do mundo judeu. Completo desaparecimento da comunidade judaica parecia inevitável na Europa Central e Ocidental.

Ora, nada disso aconteceu. Os instintos das nacionalidades diferentes, ao que parece, impediram uma fusão completa; a adaptação dos judeus aos povos europeus entre os quais viviam, a suas línguas, a seus costumes e até parcialmente a suas formas religiosas, não pôde destruir o sentimento de ser um estrangeiro, que se mantém entre o judeu e as comunidades europeias que o acolhem. Em última análise, esse sentimento de estranheza constitui a base do antissemitismo. Este não será extirpado do mundo por escritos, por bem-intencionados que sejam. Porque as nacionalidades não querem se misturar, mas seguir o próprio destino. Uma situação pacífica só se instaurará na compreensão e na indulgência recíprocas.

Por essa razão, é importante que nós, judeus, retomemos consciência de nossa existência como nacionalidade e que recuperemos de novo o amor-próprio indispensável a uma vida realizada. Temos de reaprender a interessar-nos lealmente por nossos antepassados e por nossa história, e devemos, como povo, assumir missões suscetíveis de reforçar nosso sentimento de comunidade. Não basta que participemos como indivíduos do progresso cultural da humanidade, é preciso também que enfrentemos o gênero de problemas que competem às comunidades nacionais. Eis a solução para um judaísmo novamente social.

Peço-lhes que considerem o movimento sionista nessa perspectiva. A história, hoje, nos confiou uma missão, a de participar eficazmente na reconstrução econômica e cultural de nossa pátria. Pessoas entusiastas e notavelmente dotadas analisaram a situação e muitos de nossos melhores concidadãos estão prontos para se consagrarem de corpo e alma a essa tarefa. Que cada um dos senhores considere realmente suas capacidades em relação à obra e contribua com todas as forças!

A "Palestina no trabalho"

Entre as organizações sionistas, a "Palestina no trabalho" representa a que mais bem corresponde pela atividade, de modo mais preciso, à categoria mais digna de estima das pessoas de lá, trabalhadores manuais, transformando o deserto em colônias florescentes. Esses trabalhadores são uma seleção de voluntários vindos de todo o povo judeu, uma elite de homens corajosos, conscientes e desinteressados. Não se trata de operários sem categoria, que vendem sua força a quem mais paga, mas homens instruídos, de espírito vivo e livres, cuja luta pacífica com um solo abandonado redunda em proveito de povo inteiro, mais ou menos diretamente. Diminuir, se possível, a rudeza de seu destino significa salvar vidas humanas singularmente preciosas. Porque o combate dos primeiros colonos contra um solo ainda não saneado se traduz por esforços duros e perigosos e uma abnegação pessoal rigorosa. Somente uma testemunha ocular pode compreender como é justa essa ideia. Por isso, aquele que ajuda esses homens, possibilitando a melhoria dos utensílios, ajuda a obra de modo benéfico.

E essa classe de trabalhadores é a única a tornar possíveis sadias relações com o povo árabe: e é esse o objetivo político mais importante para o sionismo. Com efeito, as administrações aparecem e desaparecem. Em compensação as relações humanas constituem na vida dos povos a etapa decisiva. Assim sendo, um auxílio à "Palestina no trabalho" significa também a realização de uma política humana e respeitável na Palestina, e ainda um combate útil contra os vagalhões nacionalistas retrógrados. Porque o mundo político em geral e, em menor escala, o pequeno universo da obra palestina, ainda sofrem suas consequências.

Renascimento judaico

Um apelo em prol de "Keren Hajessod"

Os maiores inimigos da consciência e da dignidade judaica se chamam decadência dos estômagos cheios, se chamam frouxidão provocada pela riqueza e vida fácil, se chamam forma de submissão interior ao mundo não judeu, já que a comunidade judaica se relaxou. O que há de melhor no homem somente desabrocha quando se desenvolve em uma comunidade. Terrível portanto se mostra o perigo moral para o judeu que perde contato com a própria comunidade e se descobre estrangeiro até mesmo para aqueles que o acolhem. O balanço de uma situação dessas quase sempre resulta em egoísmo desprezível e sombrio.

Ora, atualmente se revela particularmente importante a pressão contra o povo judeu. E esse gênero de miséria nos cura. Porque suscita uma renovação da vida comunitária judaica tal que até a penúltima geração não poderia imaginar. Sob a influência do sentimento de solidariedade, tão novo, a colonização da Palestina, iniciada por chefes devotados e prudentes através de dificuldades aparentemente insuperáveis, começou a dar frutos tão belos que não posso mais pôr em dúvida o sucesso final. Para os judeus do mundo inteiro, a importância da obra se revela de primeira ordem. A Palestina será para todos os judeus um lugar de cultura, para os perseguidos um lugar de refúgio, para os melhores de nós um campo de ação. Para os judeus do mundo inteiro, ela encarnará o ideal de unidade e um meio de renascimento interior.

Carta a um árabe

15 de março de 1930

Sua carta muito me alegrou. Prova-me, com efeito, que de seu lado há a clarividência necessária para uma solução razoável: nossos dois povos podem resolver as dificuldades pendentes. Os obstáculos me parecem de natureza mais psicológica do que objetiva, e poderão ser vencidos se, de parte a parte, se agir com a vontade de eliminar os problemas!

Nossa situação atual apresenta-se desfavorável porque judeus e árabes são postos face a face como dois adversários pela potência mandatária. Esta situação é indigna dos dois povos e somente será modificada se descobrirmos entre nós um terreno onde os dois campos possam dialogar e se unir.

Explicarei aqui como encaro a realização de uma mudança nas atuais condições deploráveis. Apresso-me a dizer que esta opinião é exclusivamente minha, já que não a comuniquei a ninguém.

Constitui-se um "conselho privado" para o qual judeus e árabes delegam *respectivamente* e em separado quatro representantes, absolutamente independentes de qualquer organismo político.

Assim, de parte a parte se reuniriam: um médico, eleito pelo conselho da ordem; um jurista, eleito pelas instâncias jurídicas; um representante operário, eleito pelos sindicatos; um chefe religioso, eleito por seus semelhantes. Essas oito pessoas se reúnem uma vez por semana. Comprometem-se sob juramento a não servir os interesses de sua profissão nem de sua nação, mas exclusivamente a procurar com toda a consciência a felicidade da população inteira. As discussões são secretas e nada deve ser divulgado; nem mesmo na vida particular.

Se se tomar uma decisão sobre um problema qualquer com o assentimento de pelo menos três de cada lado, essa decisão poderá ser publicada, mas sob a responsabilidade do conselho inteiro. Se um dos membros não aceitar uma decisão, poderá abandonar o conselho, mas sem nunca se ver livre da obrigação do segredo. Se um dos grupos citados responsáveis pelas eleições não se considerar satisfeito com uma resolução do conselho, poderá substituir seu representante por um outro.

Embora o conselho secreto não tenha competência alguma bem-delimitada, pode no entanto permitir que sejam progressivamente aplainados os desacordos e apresentar, diante da potência mandatária, uma representação comum dos interesses do país realmente oposta a uma política a curto prazo.

A necessidade do sionismo — Carta ao professor dr. Hellpach, ministro de Estado

Li seu artigo sobre o sionismo e o congresso de Zurique. É preciso que eu lhe responda, ainda que brevemente, como o faria alguém que estivesse inteiramente convencido dessa ideia.

Os judeus formam uma comunidade de sangue e de tradição, sendo que a tradição religiosa não representa o único ponto comum. Revela-se antes pelo comportamento dos outros homens diante dos judeus. Quando cheguei à Alemanha, há 15 anos, descobri pela primeira vez que era judeu e essa descoberta me foi revelada mais pelos não judeus do que pelos judeus.

A tragédia da condição judia consiste nisto: os judeus representam indivíduos que chegaram a um estágio evidente de evolução, mas não têm o sustentáculo de uma comunidade para uni-los. A insegurança dos indivíduos, que pode provocar grandíssima fragilidade moral, vem como consequência. Aprendi por experiência que a saúde moral desse povo não seria possível, a não ser que todos os judeus do mundo se reunissem numa comunidade viva, à qual cada um de plena vontade se associaria e que lhe permitiria suportar ódio e humilhação que encontra em todas as partes.

Vi o execrável mimetismo em judeus de grande valor e esse espetáculo me fez chorar lágrimas de sangue. Vi como a escola, os panfletos e as inúmeras potências culturais da maioria não judia haviam minado o sentimento de dignidade, mesmo nos melhores de nossos irmãos de raça, e senti que isso não poderia mais continuar.

Aprendi por experiência que somente uma criação comum, que os judeus do mundo inteiro levassem a peito, poderia curar esse povo doente. Esta foi a obra admirável de T.H. Herzl: compreendê-lo e bater-se com toda a energia para a realização de um centro ou — para falar mais claramente ainda — de um lugar central na Palestina. Essa obra exigia todas as energias. Contudo inspirava-se na tradição do povo judeu.

O senhor dá a isso o nome de nacionalismo, não sem se enganar. Mas o esforço para criar uma comunidade, sem a qual não podemos viver nem morrer neste mundo hostil, sempre poderá ser designado por esse termo odioso. De qualquer modo, será um nacionalismo, mas sem vontade de poder, preocupado pela dignidade e saúde morais. Se não fôssemos constrangidos a viver no meio de homens intolerantes, mesquinhos e violentos, eu seria o primeiro a rejeitar todo o nacionalismo em troca de uma comunidade humana universal!

A objeção — se queremos, nós judeus, ser uma "nação", não poderemos mais ser cidadãos integrais, por exemplo, do Estado alemão — revela um desconhecimento da natureza do Estado, a fundar sua existência partindo da intolerância da maioria nacional. Contra essa intolerância jamais estaremos protegidos, tenhamos ou não o nome de "povo", "nação" etc.

Disse tudo o que penso, resumidamente, sem floreios e sem concessões. Mas, a julgar por seus escritos, sei que o senhor aprecia mais o sentido do que a forma.

Aforismos para Leo Baeck

— Feliz quem atravessa a vida prestativo, sem medo, estranho à agressividade e ao ressentimento! Numa natureza assim, revelam-se as testemunhas magníficas que trazem um reconforto para a humanidade nas situações desastrosas que cria para si mesma.

— O esforço para unir sabedoria e poder raramente dá certo e somente por tempo muito curto.

— O homem habitualmente evita reconhecer inteligência em outro, a não ser quando, por acaso, se trata de um inimigo.

— Poucos seres são capazes de dar bem claramente uma opinião diferente dos preconceitos de seu meio. A maioria é mesmo incapaz de chegar a formular tais opiniões.

— A maioria dos imbecis permanece invencível e satisfeita em qualquer circunstância. O terror provocado por sua tirania se dissipa simplesmente por sua distração e por sua inconsequência.

— Para ser um membro irrepreensível de uma comunidade de carneiros, é preciso, antes de tudo, ser também carneiro.

— Os contrastes e as contradições podem coexistir de modo permanente numa cabeça, sem provocar nenhum conflito. Esta evidência atrapalha e destrói qualquer sistema político pessimista ou otimista.

— Quem banca o original neste mundo da verdade e do conhecimento, quem imagina ser um oráculo, fracassa lamentavelmente diante da gargalhada dos Deuses.

— A alegria de contemplar e de compreender, eis a linguagem a que a natureza me incita.

CAPÍTULO V

ESTUDOS CIENTÍFICOS

PRINCÍPIOS DA PESQUISA

Discurso pronunciado por ocasião do sexagésimo aniversário de Max Planck

O Templo da Ciência apresenta-se como um edifício de mil formas. Os homens que o frequentam, bem como as motivações morais que para ali os levam, revelam-se bem diferentes. Um se entrega à ciência com o sentimento de felicidade que a potência intelectual superior lhe causa. Para ele, a ciência é o esporte adequado, a vida transbordante de energia, a realização de todas as ambições. Assim deve ela se manifestar! Muitos outros, porém, estão igualmente nesse templo exclusivamente por uma razão utilitária e não oferecem em troca a não ser sua substância cerebral! Se um anjo de Deus aparecesse e expulsasse do templo todos os homens das duas categorias, o templo ficaria bem vazio, mas, mesmo assim, ainda se encontrariam homens do passado e do presente. Entre estes encontraríamos nosso Planck. É por isso que o estimamos.

Bem sei que, com nosso aparecimento, expulsamos, despreocupados, muitos homens de valor que edificaram o Templo da Ciência em grande, talvez em sua maior, parte. Para nosso anjo, a decisão a tomar seria em vários casos bem difícil. Mas uma certeza se me impõe. Não houvesse indivíduos como os excluídos, o templo não teria sido edificado, da mesma forma que uma floresta não pode expandir-se se apenas contiver plantas trepadeiras! Na realidade, tais indivíduos se contentam com qualquer teatro para sua atividade. As circunstâncias exteriores é que decidirão sobre a carreira de engenheiro, de oficial, de comerciante ou de cientista. Todavia, olhemos de novo para aqueles que encontraram favor aos olhos do anjo. Mostram-se singulares, pouco comunicativos, solitários e, apesar desses pontos comuns, são menos parecidos entre si do que aqueles que foram expulsos. Que é que os conduziu ao templo? A resposta não é fácil e certamente não pode aplicar-se a todos uniformemente. Contudo, em primeiro lugar, com Schopenhauer, imagino que uma das mais fortes motivações para uma obra artística ou científica consiste na vontade de evasão do cotidiano com seu cruel rigor e monotonia desesperadora, na necessidade de escapar das cadeias dos desejos pessoais eternamente instáveis. Causas que impelem os seres sensíveis a se libertarem da existência pessoal, para procurar o universo da contemplação e da compreensão objetivas. Essa motivação assemelha-se à nostalgia que atrai o morador das cidades para longe de seu ambiente ruidoso e complicado, para as pacíficas paisagens das altas montanhas, onde o olhar vagueia por uma atmosfera calma e pura e se perde em perspectivas repousantes, que parecem ter sido criadas para a eternidade.

A esse motivo de ordem negativa, ajunta-se outro mais positivo. O homem procura formar, de qualquer maneira, mas segundo a própria lógica, uma imagem simples e clara do mundo. Para isso, ultrapassa o universo de sua vivência, porque se esforça em certa medida por substituí-lo por essa imagem. A seu modo é esse o procedimento de cada um, quer se trate de um pintor, de um poeta, de um filósofo especulativo ou de um físico. A essa imagem e à sua realização consagra o máximo de sua vida afetiva para assim alcançar a paz e a força que não pode obter nos excessivos limites da experiência agitada e subjetiva.

Entre todas as imagens possíveis do mundo, que lugar conceder à do físico teórico? Ela encerra as maiores exigências, pelo rigor e exatidão da representação das relações, única a ser autorizada pelo uso da linguagem matemática. Mas em compensação, no plano concreto, o físico deve se restringir, tanto mais quanto se contentar, em representar os fenômenos mais evidentes acessíveis à nossa experiência, porque todos os fenômenos mais complexos não podem ser reconstituídos pelo espírito humano com a precisão sutil e espírito de constância exigidos pelo físico teórico. A extrema nitidez, a clareza e a certeza só se adquirem à custa de imenso sacrifício: a perda da visão de conjunto. Mas, então, qual pode ser a sedução de compreender precisamente uma parcela tão exígua do universo e de abandonar tudo o que é mais sutil e mais complexo por timidez ou falta de coragem? O resultado de uma prática tão resignada ousaria ostentar o audacioso nome de "Imagem do mundo"?

Penso ser muito bem-merecido esse nome. Porque as leis gerais, bases da arquitetura intelectual da física teórica, ambicionam ser válidas para todos os fatos da natureza. E graças a estas leis, por utilizar o itinerário da pura dedução lógica, poder-se-ia encontrar a imagem, quer dizer, a teoria de todos os fenômenos da natureza, inclusive os da vida, se esse processo de dedução não superasse, e de muito, a capacidade do pensamento humano. A renúncia a uma imagem física do mundo em sua totalidade não é uma renúncia de princípio. É uma escolha, um método.

A suprema tarefa do físico consiste, então, em procurar as leis elementares mais gerais, a partir das quais, por pura dedução, se adquire a imagem do mundo. Nenhum caminho lógico leva a tais leis elementares. Seria antes exclusivamente uma intuição a se desenvolver paralelamente a experiência. Na incerteza do método a seguir, seria possível crer que qualquer número de sistemas de física teórica de valor equivalente bastaria. Em princípio, essa opinião é sem dúvida correta. Mas a evolução mostrou que, de todas as construções concebíveis, uma e somente uma, em um dado momento, se revelou absolutamente superior a todas as outras. Nenhum daqueles que realmente aprofundaram o assunto negará que o mundo das percepções determina de fato rigorosamente o sistema teórico, embora nenhum caminho lógico conduza das percepções aos princípios da teoria. A isso Leibnitz denominava e significava pela expressão de "harmonia preestabelecida". Com violência, os físicos censuraram a não poucos teóricos do conhecimento o não levarem bem em conta essa situação. Aqui também, a meu ver, se encontram as raízes da polêmica que, há alguns anos, opôs Mach a Planck.

A nostalgia da visão dessa "harmonia preestabelecida" persiste em nosso espírito. Contudo Planck se apaixona pelos problemas mais gerais de nossa ciência sem se deixar atrair por objetivos mais lucrativos e mais fáceis de serem atingidos. Por várias vezes ouvi dizer que confrades tentavam explicar seu comportamento por uma força de vontade e uma disciplina excepcionais. Enganam-se, ao que me parece. O estado afetivo que condiciona semelhantes proezas mais se assemelha ao estado de alma dos religiosos ou dos amantes. A perseverança diária não se constrói sobre uma intenção ou um programa, mas se baseia numa necessidade imediata.

Ele está aí, nosso querido Planck, sentado e divertindo-se interiormente com minhas manipulações infantis da lanterna de Diógenes. Nossa simpatia por ele não precisa de pretextos. Possa o amor pela ciência embelezar sua vida também no futuro e levá-lo à resolução do problema físico mais importante de nossa época, problema que ele mesmo colocou e faz progredir consideravelmente! Que consiga unificar em um único sistema lógico a teoria dos *quanta*, a eletrodinâmica e a mecânica!

Princípios da física teórica

Discurso de recepção na Academia das Ciências da Prússia

Caros colegas! Queiram aceitar meus mais profundos agradecimentos por me terem concedido o maior benefício que se possa outorgar a alguém como eu. Chamando-me para sua academia, os senhores me permitiram livrar-me das agitações e da labuta de uma profissão prática, permitiram que me consagrasse exclusivamente aos estudos científicos. Rogo-lhes que acreditem em meus sentimentos de gratidão e na assiduidade de meus esforços, ainda que os resultados de minhas pesquisas lhes pareçam medíocres.

Peço licença para fazer a respeito algumas reflexões gerais sobre a posição que meu setor de trabalho, a física teórica, ocupa em relação à ciência experimental. Um amigo matemático dizia-me recentemente, em parte por brincadeira: "O matemático sabe alguma coisa, mas não é exatamente aquilo que lhe perguntam em dado momento." Com frequência o teórico da física se encontra nessa situação, ao ser consultado por um físico experimental. Qual a origem dessa falta de adaptação característica?

O método do teórico implica que, como base em todas as hipóteses, ele utilize aquilo que se chamam princípios, a partir dos quais pode deduzir consequências. Sua atividade portanto se divide principalmente em duas partes. Em primeiro lugar, tem de procurar esses princípios e em seguida desenvolver as consequências inerentes a eles. Para a execução do segundo trabalho recebe na escola excelentes instrumentos. Se então a primeira de suas tarefas já estiver realizada em dado setor ou por um conjunto de relações, não há dúvida de que terá êxito por um trabalho e reflexão perseverantes. Mas a primeira chave dessas tarefas, quer dizer, a de estabelecer os princípios que servirão de base para sua dedução, se apresenta de maneira totalmente diferente. Porque aqui não existe método que se possa aprender ou sistematicamente aplicar para alcançar um objetivo. O pesquisador tem antes que espiar, se assim se pode dizer, os princípios gerais na natureza, enquanto detecta, através dos grandes conjuntos de fatos experimentais, os traços gerais e exatos que poderão ser explicitados nitidamente.

Quando essa formulação obtiver êxito, começa então o desenvolvimento das consequências, que muitas vezes revelam relações insuspeitadas que ultrapassam muito o campo dos fatos donde foram tirados os princípios. Mas, enquanto os princípios básicos para a dedução não forem descobertos, o teórico não tem absolutamente necessidade dos fatos individuais da experiência. Nem mesmo pode empreender qualquer coisa com as leis mais gerais, descobertas empiricamente. Deve antes confessar seu estado de impotência diante dos resultados elementares da pesquisa empírica até que se lhe manifestem princípios, utilizáveis como base de dedução lógica.

É nessa situação que atualmente se encontra a teoria relativa às leis da irradiação térmica e do movimento molecular em baixas temperaturas. Há 15 anos, ninguém duvidava que, nas bases da mecânica Galileu/Newton aplicada aos movimentos moleculares, bem como pela teoria de Maxwell sobre o campo magnético, fosse possível obter uma representação exata das propriedades elétricas, ópticas e térmicas dos corpos. Planck então mostrou que, para fundar uma lei da irradiação térmica correspondente à experiência, é preciso utilizar um método de cálculo cuja incompatibilidade com os princípios da mecânica clássica se tornava cada vez mais flagrante. Por esse método de cálculo, Planck introduzia na física a célebre hipótese dos *quanta* que depois foi notavelmente confirmada. Com essa hipótese dos *quanta,* ele subverteu a mecânica no caso em que massas suficientemente pequenas se deslocam com velocidades suficientemente fracas e com acelerações suficientemente importantes, a tal ponto que não podemos mais hoje encarar as leis do movimento estabelecidas por Galileu e Newton à não ser como situações limites. Contudo, apesar dos esforços mais perseverantes dos teóricos, ainda não se conseguiu substituir os princípios da mecânica por outros que correspondam à lei da irradiação térmica de Planck ou à hipótese dos *quanta*. Ainda que devamos reconhecer sem sombra de dúvida que temos de tornar a pôr o calor no movimento molecular, temos também de reconhecer que nos encontramos hoje, diante das leis fundamentais desse movimento, na mesma situação em que estavam os astrônomos anteriores a Newton diante dos movimentos dos planetas.

Recordo aqui um conjunto de fatos não redutíveis a um estudo teórico por falta de princípios de base. Mas há ainda outro caso. Princípios lógicos e bem-formulados chegam a consequências total ou quase totalmente exteriores aos limites do domínio atualmente acessível a nossa experiência. Então, por longos anos, se fará necessário um trabalho empírico, às apalpadelas, para afirmar que os princípios da teoria poderiam descrever a realidade. Eis a exata situação da teoria da relatividade.

A reflexão sobre os conceitos fundamentais de tempo e de espaço provou-nos que o princípio da constância da velocidade da luz no vácuo, que se deduz da óptica dos corpos em movimento, absolutamente não nos obriga a aceitar a teoria de um éter imóvel. E mesmo foi possível armar uma teoria geral que lembra o fato estranho de que, nas experiências realizadas sobre a Terra, jamais transcrevemos algo do movimento de translação da Terra. Nessa circunstância, então, emprega-se o enunciado do princípio de relatividade: as leis naturais não se modificam quanto à forma, quando se abandona um sistema de coordenadas original (experimentado) por um novo sistema, que efetua um movimento de translação uniforme em relação ao primeiro. Essa teoria recebeu notáveis confirmações da experiência. Torna também possível uma simplificação da representação teórica de conjuntos de fatos, já ligados uns aos outros.

Mas, por outro lado, essa teoria ainda é insuficiente, porque o princípio de relatividade, tal como acabo de formular, privilegia o movimento uniforme. Do ponto de vista físico, sem dúvida não se pode atribuir um sentido absoluto ao movimento uniforme. Então surge a questão: será que essa afirmação não deveria estender-se aos movimentos não uniformes? Ora, se se toma por base o princípio da relatividade em sentido lato, foi demonstrado que se obtém uma extensão indefinida da teoria da relatividade. Assim somos conduzidos a uma teoria geral da gravitação, incluindo a dinâmica. No momento, porém, não encontramos os fatos suscetíveis de pôr à prova a justificação para a introdução do princípio que sirva de eixo.

Já provamos que a física indutiva questiona a física dedutiva e vice-versa e que esse tipo de resposta exige de nossa parte absoluta tensão e esforço. Que possamos bem depressa chegar a encontrar, graças aos esforços e trabalhos de todos, as provas definitivas para nossos progressos nesse sentido.

Sobre o método da física teórica

Se o senhor quer estudar em qualquer dos físicos teóricos os métodos que emprega, sugiro-lhe firmar-se neste princípio básico: não dê crédito algum ao que ele diz, mas julgue aquilo que produziu! Porque o criador tem esta característica: as produções de sua imaginação se impõem a ele, tão indispensáveis, tão naturais, que não pode considerá-las como imagem do espírito, mas as conhece como realidades evidentes.

Este preâmbulo parece autorizá-lo a abandonar o próprio lugar desta conferência. Porque o senhor poderia redarguir: quem nos fala agora é justamente um físico teórico! Deveria então abandonar toda a reflexão sobre a estrutura da ciência teórica para os teóricos do conhecimento.

A semelhante objeção, respondo apresentando meu ponto de vista pessoal. Porque afirmo falar aqui, não por vaidade, mas para satisfazer ao convite de amigos. Estou nesta cátedra porque ela me traz a lembrança de um homem que consagrou toda a vida a pesquisar a unidade do conhecimento. Além disso, objetivamente, minha prática de hoje poderia encontrar uma justificativa neste sentido: não seria interessante conhecer aquilo que pensa sobre sua ciência um homem que, durante a vida inteira, se esforçou com toda a energia a esclarecer e a aperfeiçoar seus elementos básicos? Seu modo de apreender a evolução antiga e contemporânea poderia influenciar terrivelmente aquilo que espera do futuro e portanto aquilo que visa como objetivo imediato. Mas é esse o destino de cada indivíduo que se entrega apaixonadamente ao mundo das ideias. É o mesmo destino que espera o historiador, ao organizar os fatos históricos, mesmo de modo inconsciente, em função dos ideais subjetivos que a sociedade humana lhe sugere.

Hoje analisamos o desenvolvimento do pensamento teórico de modo muito geral, mas ao mesmo tempo temos presente no espírito a relação essencial que une o discurso teórico ao conjunto dos fatos experimentais. Trata-se sempre do eterno confronto entre os dois componentes de nosso saber na física teórica: empirismo e razão.

Admiramos a Grécia antiga porque fez nascer a ciência ocidental. Lá, pela primeira vez, se inventou a obra-prima do pensamento humano, um sistema lógico, isto é, tal que as proposições se deduzem umas das outras com tal exatidão que nenhuma demonstração provoca a dúvida. É o sistema da geometria de Euclides. Essa composição admirável da razão humana autoriza o espírito a ter confiança em si mesmo para qualquer nova atividade. E, se alguém, no despertar de sua inteligência, não foi capaz de se entusiasmar com uma arquitetura assim, então nunca poderá realmente se iniciar na pesquisa teórica.

Mas, para atingir uma ciência que descreva a realidade, ainda faltava uma segunda base fundamental que, até Kepler e Galileu, foi ignorada por todos os filósofos. Porque o pensamento lógico, por si mesmo, não pode oferecer nenhum conhecimento tirado do mundo da experiência. Ora, todo o conhecimento da realidade vem da experiência e a ela se refere. Por esse fato, conhecimentos deduzidos por via puramente lógica seriam, diante da realidade, estritamente vazios. Desse modo Galileu, graças ao conhecimento empírico, e sobretudo por ter se batido violentamente para impô-lo, tornou-se o pai da física moderna e provavelmente de todas as ciências da natureza em geral.

Se, portanto, a experiência inaugura, descreve e propõe uma síntese da realidade, que lugar se dá à razão no campo científico?

Um completo sistema de física teórica comporta um conjunto de conceitos, de leis fundamentais aplicáveis a tais conceitos, e de proposições lógicas normalmente daí deduzidas. As proposições sobre as quais se exerce a dedução correspondem exatamente a nossas experiências individuais; é essa a razão profunda por que, em um livro teórico, a dedução abrange quase toda a obra.

Paradoxalmente, é exatamente o que acontece com a geometria euclidiana. Mas os princípios fundamentais aqui se chamam de axiomas e, por consequência, as proposições a serem deduzidas não se baseiam em experiências banais. Em compensação, se se encara a geometria euclidiana como a teoria das possibilidades da posição recíproca dos corpos praticamente rígidos e, por conseguinte, é compreendida como uma ciência física, sem que se suprima sua origem empírica, a semelhança lógica entre a geometria e a física teórica é flagrante.

Portanto, no sistema de uma física teórica, estabelecemos um lugar para a razão e para a experiência. A razão constitui a estrutura do sistema. Os resultados experimentais e suas imbricações mútuas podem ser expressos mediante as proposições dedutivas. E é na possibilidade dessa representação que se situam exclusivamente o sentido e a lógica do sistema inteiro, e mais particularmente dos conceitos e dos princípios que formam suas bases. Aliás, esses conceitos e princípios se revelam como invenções espontâneas do espírito humano. Não podem se justificar *a priori* nem pela estrutura do espírito humano nem, reconheçamo-lo, por uma razão qualquer.

Esses princípios fundamentais, essas leis fundamentais, quando não se pode mais reduzi-los a lógica estrita, mostram a parte inevitável, racionalmente incompreensível, da teoria. Porque a finalidade precípua de toda a teoria está em obter esses elementos fundamentais irredutíveis tão evidentes e tão raros quanto puderem ser, sem se olvidar da adequada representação de qualquer experiência possível.

Esquematizo esta tentativa de compreensão a fim de realçar como de modo algum o aspecto puramente fictício dos fundamentos da teoria não se impunha nos séculos XVIII e XIX. Mas a ficção ganhava sempre mais, porque a separação entre os conceitos fundamentais e as leis fundamentais de um lado, e as deduções por coordenar de acordo com nossas relações experimentais, de outro lado, não paravam de crescer com a cada vez maior unificação da construção lógica. Assim, pode-se equilibrar uma completa construção teórica sobre um conjunto de elementos conceituais, logicamente independentes uns dos outros, mas em menor número.

Newton, o primeiro inventor de um sistema de física teórica, imenso e dinâmico, não hesita em acreditar que conceitos fundamentais e leis fundamentais de seu sistema saíram diretamente da experiência. Creio que se deve interpretar nesse sentido sua declaração de princípio *hypotheses non fingo*.

Na realidade, nessa época, as noções de espaço e de tempo não pareciam apresentar nenhuma dificuldade problemática. Porque os conceitos de massa, inércia e força com suas relações diretamente determinadas pela lei pareciam provir em linha reta da experiência. Uma vez admitida essa base, a expressão força de gravitação, por exemplo, se nos apresenta como saída diretamente da experiência e podia-se razoavelmente esperar o mesmo resultado quanto às outras forças.

Evidentemente, nós percebemos com facilidade, até mesmo pelo vocabulário, que a noção de espaço absoluto, implicando a de inércia absoluta, embaraça de modo particular a Newton. Porque percebe que nenhuma experiência poderá corresponder a esta última noção. Da mesma forma o raciocínio sobre ações a distância o intriga. Mas a prática e o enorme sucesso da teoria o impedem, a ele e aos físicos dos séculos XVIII e XIX, de entender que o fundamento de seu sistema repousa em base absolutamente fictícia.

Em geral, os físicos da época acreditavam de bom grado que os conceitos e as leis fundamentais da física não constituem, no sentido lógico, criações espontâneas do espírito humano, mas antes que se pode deduzi-los por abstração, portanto por um recurso da lógica. Na verdade, somente a teoria da relatividade geral reconheceu claramente o erro dessa concepção. Provou que era possível, por se afastar enormemente do esquema newtoniano, explicar o mundo experimental e os fatos de modo mais coerente e mais completo do que esse esquema permitia. Mas deixemos de lado a questão de superioridade! O caráter fictício dos princípios torna-se evidente pela simples razão de que se podem estabelecer dois princípios radicalmente diferentes, que no entanto concordam em grande parte com a experiência. De qualquer modo, toda tentativa de deduzir logicamente, a partir de experiências elementares, os conceitos e as leis fundamentais da mecânica está votada ao malogro.

Então, se é certo que o fundamento axiomático da física teórica não se deduz da experiência, mas tem de se estabelecer espontaneamente, livremente, poderíamos pensar ter descoberto a pista certa? Coisa mais grave ainda! Essa pista certa não existirá apenas em nossa imaginação? Poderemos nós julgar a experiência digna de crédito, quando algumas teorias, como a da mecânica clássica, se apoiam muito na experiência, sem argumentar sobre o fundo do problema? A essa objeção declaro com toda a certeza que, a meu ver, a pista certa existe, e podemos descobri-la. De acordo com a nossa pesquisa experimental até o dia de hoje, temos o direito de estar persuadidos de que a natureza representa aquilo que podemos imaginar em matemática como o que há de mais simples. Estou convencido de que a construção exclusivamente matemática nos permite encontrar os conceitos e os princípios que os ligam entre si. Dão-nos a possibilidade de compreender os fenômenos naturais. Os conceitos matemáticos utilizáveis podem ser sugeridos pela experiência, porém em caso algum deduzidos. Naturalmente a experiência se impõe como único critério de utilização de uma construção matemática para a física. Mas o princípio fundamentalmente criador está na matemática. Por conseguinte, em certo sentido, considero verdadeiro e possível que o pensamento puro apreenda a realidade, como os antigos o reconheciam com veneração.

Para justificar essa confiança, sou obrigado a empregar conceitos matemáticos. O mundo físico se representa como um *continuum* de quatro dimensões. Se suponho neste mundo a métrica de Riemann e me pergunto quais são as leis mais simples que podem ser satisfeitas por tal sistema, obtenho a teoria relativista da gravitação e do espaço vazio. Se, nesse espaço, tomo um campo de vetores ou o campo de tensores antissimétricos que daí pode derivar-se e indago quais as leis mais simples que um tal sistema pode satisfazer, obtenho as equações do espaço vazio de Maxwell.

Neste ponto do raciocínio, ainda falta uma teoria para os conjuntos do espaço onde a densidade elétrica não desaparece. Louis De Broglie adivinhou a existência de um campo de ondas que podia servir para explicar certas propriedades quânticas da matéria. Por fim Dirac descobre nos *spins* os valores de um campo de novo gênero, cujas equações mais simples permitem deduzir, de modo muito importante, as propriedades dos elétrons. Ora, junto com meu colaborador, o dr. Walter Mayer, descobri que os *spins* constituem um caso especial de uma espécie de campo de novo gênero, matematicamente ligado ao sistema de quatro dimensões, que havíamos denominado de "semivetores". As equações mais simples a que esses semivetores podem ser submetidos dão uma chave para compreender a existência de dois tipos de partículas elementares de massas ponderáveis diferentes e com cargas iguais, mas com sinais contrários. Esses semivetores representam, depois dos vetores ordinários, os elementos magnéticos do campo, os mais simples que são possíveis em um *continuum* métrico de quatro dimensões. Poderiam, ao que parece, descrever com facilidade as propriedades essenciais das partículas elétricas elementares.

Para nossa pesquisa, é capital que todas essas formas e suas relações por meio das leis sejam obtidas através do princípio de pesquisa dos conceitos matemáticos mais simples e de suas ligações. Se pudermos limitar os gêneros de campo simples a existir matematicamente e as equações simples possíveis entre eles, então o teórico tem a esperança de apreender o real em sua profundidade.

O ponto mais delicado de uma teoria dos campos desse tipo reside, atualmente, em nossa compreensão da estrutura atômica da matéria e da energia. Incontestavelmente a teoria não se confessa atômica em seu princípio, na medida em que opera exclusivamente com funções contínuas do espaço, ao contrário da mecânica clássica, cujo elemento de base mais importante, o ponto material, já corresponde à estrutura atômica da matéria.

A moderna teoria dos *quanta,* sob sua forma determinada pelos nomes de De Broglie, Schrödinger e Dirac, mostra uma operação com funções contínuas e supera essa dificuldade por uma audaciosa interpretação claramente expressa pela primeira vez por Max Born: as funções de espaço que se apresentam nas equações não pretendem ser um modelo matemático de estruturas atômicas. Essas funções devem unicamente determinar, pelo cálculo, as probabilidades de descobrir tais estruturas, no caso em que se medisse em dado local ou em dado estado de movimento. A hipótese continua logicamente irrefutável e alcança importantes resultados. Mas obriga infelizmente a utilizar um *continuum,* cujo número de dimensões não corresponde ao do espaço encarado pela física atual (em número de quatro), pois cresce de maneira ilimitada com o número de moléculas que constituem o sistema considerado. Reconheço que essa interpretação me parece provisória. Porque creio ainda na possibilidade de um modelo da realidade, quer dizer, de uma teoria que represente as coisas mesmas, e não apenas a probabilidade de sua existência.

De outro lado, num modelo teórico temos de abandonar absolutamente a ideia de poder localizar rigorosamente as partículas. Penso que essa conclusão se impõe com o resultado duradouro da relação de incerteza de Heisenberg. Mas poder-se-ia muito bem conceber uma teoria atômica no sentido estrito (e não fundada sobre uma interpretação), sem localização de partículas em um modelo matemático. Por exemplo, para compreender o caráter atômico da eletricidade, é necessário que as equações do campo terminem somente na seguinte proposição: uma porção de espaço de três dimensões, em cujo limite a densidade elétrica desaparece em toda parte, retém sempre uma carga total elétrica representada por um número inteiro. Numa teoria de *continuum,* o caráter atômico de expressões de integrais poderia então enunciar-se de maneira satisfatória sem localização dos elementos constituintes da estrutura atômica.

Se uma tal representação da estrutura atômica se revelasse ser exata, eu consideraria o enigma dos *quanta* completamente resolvido.

Sobre a teoria da relatividade

Sinto uma alegria singular porque posso hoje falar na capital de um país de onde se transmitiram, para serem divulgadas no mundo inteiro, as ideias básicas mais essenciais da física teórica. Penso em primeiro lugar na teoria do movimento das massas e da gravitação, obra de Newton; penso em seguida na noção do campo eletromagnético, graças à qual Faraday e Maxwell repensaram as bases de uma nova física. Tem-se razão ao dizer que a teoria da relatividade deu uma espécie de conclusão à grandiosa arquitetura do pensamento de Maxwell e de Lorentz, pois ela se esforça por estender a física do campo a todos os fenômenos, inclusive gravitação.

Ao tratar do objeto particular da teoria da relatividade, faço questão de esclarecer que essa teoria não tem fundamento especulativo, mas que sua descoberta se baseia inteiramente na vontade perseverante de adaptar, do melhor modo possível, a teoria física aos fatos observados. Não há necessidade alguma de falar de ato ou de ação revolucionária, pois ela marca a evolução natural de uma linha seguida há séculos. A rejeição de certas concepções sobre o espaço, o tempo e o movimento, concepções julgadas fundamentais até esse momento, não, não foi um ato arbitrário, mas simplesmente um ato exigido pelos fatos observados.

A lei da constância da velocidade da luz no espaço vazio, corroborada pelo desenvolvimento da eletrodinâmica e da óptica, junto com a igualdade de direito de todos os sistemas de inércia (princípio da relatividade restrita), indiscutivelmente revelada pela célebre experiência de Michelson, inclina desde logo a pensar que a noção de tempo deve ser relativa, já que cada sistema de inércia deve ter seu tempo particular. Ora, a progressão e o desenvolvimento dessa ideia realçam que, antes da teoria, a relação entre as experiências pessoais imediatas, de uma parte, e as coordenadas e o tempo, de outra parte, não fora observada com a indispensável acuidade.

Eis sem contestação um dos aspectos fundamentais da teoria da relatividade: é sua ambição explicitar mais nitidamente as relações dos conceitos gerais com os fatos da experiência. Além disso, o princípio fundamental permanece sempre imutável, e a justificação de um conceito físico repousa exclusivamente sobre sua relação clara e unívoca com os fatos acessíveis à experiência. De acordo com a teoria da relatividade restrita, as coordenadas de espaço e de tempo ainda conservam um caráter absoluto, já que são diretamente mensuráveis pelos relógios e corpos rígidos. Mas tornam-se relativos já que dependem do estado de movimento do sistema de inércia escolhido. O *continuum* de quatro dimensões realizado pela união espaço-tempo conserva, de acordo com a teoria da relatividade restrita, o caráter absoluto que possuíam, conforme as teorias anteriores, o espaço e o tempo, cada um tomado à parte (Minkowski). Da interpretação das coordenadas e do tempo como resultado das medidas, chega-se à influência do movimento (relativo ao sistema de coordenadas) sobre a forma dos corpos e sobre a marcha dos relógios, e à equivalência da energia e da massa inerte.

A teoria da relatividade geral funda-se essencialmente sobre a correspondência numérica verificável e verificada da massa inerte e da massa pesada dos corpos. Ora, esse fato capital, jamais a mecânica clássica o pudera explicar. Chega-se a essa descoberta pela extensão do princípio de relatividade aos sistemas de coordenadas, possuidoras de uma aceleração relativa de uns em relação aos outros. Assim, a introdução de sistemas de coordenadas possuidoras de uma aceleração relativa em relação aos sistemas de inércia mostra e descobre campos de gravitação relativos a estes últimos. Daí se torna evidente que a teoria da relatividade geral, baseada na igualdade da inércia e do peso, autoriza também uma teoria do campo de gravitação.

A introdução de sistemas de coordenadas aceleradas, um em relação a outro, como sistema de coordenadas igualmente justificadas, como parece exigir a identidade entre a inércia e o peso, conduz, juntamente com os resultados da teoria da relatividade restrita, à consequência de que as leis dos movimentos dos corpos sólidos, em presença dos campos de gravitação, não correspondem mais às regras da geometria euclidiana. Observamos o mesmo resultado na marcha dos relógios. Então, impunha-se, necessariamente, uma nova generalização da teoria do espaço e do tempo, já que, doravante, se mostram absolutamente caducas as interpretações diretas das coordenadas do espaço e do tempo pelas medidas habituais. Essa generalização de nova maneira de medir já existia no setor estritamente matemático, graças aos trabalhos de Gauss e de Riemann. E descobrimos que se fundamenta essencialmente sobre o fato de que a nova maneira de medir empregada para a teoria da relatividade restrita, limitada a territórios extremamente pequenos, pode se aplicar, com todo o rigor, ao caso geral.

Tal evolução científica, narrada como foi vivida, tira das coordenadas espaço-tempo toda a realidade independente. O real, em sua nova medida, agora só se apresenta pela ligação de suas coordenadas com as grandezas matemáticas que reconhecem o campo de gravitação.

A concepção da teoria da relatividade geral aplica-se a partir de uma outra raiz. Ernst Mach realçara de modo singular o fato de que na teoria newtoniana havia um ponto verdadeiramente pouco explicado. Com efeito, considera-se o movimento sem referência a suas causas, mas simplesmente enquanto movimento descrito. Por conseguinte, não vejo outro movimento a não ser o movimento relativo das coisas umas em relação às outras. Mas a aceleração que descobrimos nas equações do movimento de Newton continua inconcebível desde que se raciocine a partir da ideia do movimento relativo. Então Newton viu-se obrigado a imaginar um espaço físico com relação ao qual deveria existir uma aceleração. Esse conceito de um espaço absoluto introduzido *ad hoc* mostra-se, é certo, logicamente correto, mas não satisfaz o sábio. Por esse motivo E. Mach procurou modificar as equações da mecânica de modo que a inércia dos corpos fosse explicada por um movimento relativo, não por referência ao espaço absoluto, mas por referência à totalidade dos outros corpos ponderáveis. Em vista dos conhecimentos científicos do tempo, a combinação devia fracassar.

Mas essa questão atormenta sempre nossa razão. A indução do pensamento impõe-se com uma força ainda muito maior quando se pensa em função da teoria da relatividade geral, pois, segundo ela, sabe-se que as propriedades físicas do espaço são influenciadas pela matéria ponderável. Minha profunda convicção reconhece que a teoria da relatividade geral não pode superar essas dificuldades de maneira verdadeiramente satisfatória a não ser que se pense o universo como um espaço fechado. Os resultados matemáticos da teoria nos impõem essa concepção, se se admitir que a densidade média da matéria ponderável no universo possui um valor finito, por menor que seja.

Algumas palavras sobre a origem da teoria da relatividade geral

De muito boa vontade respondo ao convite para explicar a formação histórica de meu próprio trabalho científico. Tranquilizem-se, não dou injustamente maior valor à qualidade de minha pesquisa, mas analisar a história e a gênese do trabalho dos outros implica absorver-se nas suas próprias descobertas. E, aqui, pessoas especializadas nesse tipo de pesquisas históricas farão melhor trabalho do que nós. Em compensação, tentar esclarecer seu próprio pensamento anterior se revela tão mais fácil! Encontro-me aqui em situação infinitamente superior a todos os outros e não posso deixar de aproveitar-me desta ocasião, mesmo sendo censurado por orgulho!

Em 1905 a teoria da relatividade restrita descobre a equivalência de todos os sistemas ditos sistemas de inércia para formular as leis. Coloca-se portanto imediatamente a questão: não haveria uma equivalência mais extensa dos sistemas de coordenadas? Com outras palavras, se somente se pode atribuir ao conceito de velocidade um sentido relativo, será preciso mesmo assim considerar a aceleração como um conceito absoluto?

Do ponto de vista puramente cinemático, não se pode duvidar da relatividade de uns quaisquer movimentos, mas fisicamente parecia dever-se atribuir uma significação privilegiada ao sistema de inércia. E, com isso, essa significação excepcional sublinhava como artificial o emprego dos sistemas de coordenadas que se moviam de outro modo.

Evidentemente, eu conhecia a concepção de Mach, que considerava possível que a resistência da inércia não se opusesse a uma aceleração em si, mas a uma aceleração em relação à massa dos outros corpos existentes no universo. Essa ideia exercia sobre mim verdadeira fascinação, sem que pudesse nela encontrar uma base possível para uma nova teoria.

Pela primeira vez fiz um progresso decisivo para a solução do problema, ao me arriscar a tratar a lei da gravitação no contexto teórico da relatividade restrita. Agi como a maioria dos sábios daquele tempo. Quis estabelecer uma lei do campo para a gravitação, já que evidentemente a introdução de uma ação imediata a distância não era mais possível. Com efeito, ou suprimia o conceito de simultaneidade absoluta ou não podia encará-lo de um modo natural, fosse como fosse.

Naturalmente a simplicidade me aconselhava a manter o potencial escalar de gravitação de Laplace e a completar a equação de Poisson, por um processo de fácil compreensão, por um termo bem específico e bem-situado em relação ao tempo e, assim, a teoria da relatividade restrita suportava a dificuldade. Além disso, era preciso adaptar a essa teoria a lei do movimento do ponto material no campo de gravitação. Para essa pesquisa, o método aparece menos claramente, porque a massa inerte de um corpo pode depender do potencial de gravitação. Era previsível em função do teorema da inércia da energia.

Tais pesquisas, porém, conduziram-me a um resultado que me deixou altamente céptico. Segundo a mecânica clássica, a aceleração vertical de um corpo no campo de gravidade vertical continua independente da componente horizontal da velocidade. Por isso, a aceleração vertical de um sistema mecânico, ou de seu centro de gravidade, em tal campo gravitacional, se exerce independentemente de sua energia cinética interna. Mas, no esboço de minha teoria, essa independência da aceleração da queda em relação à velocidade horizontal ou à energia interna de um sistema não existia.

Essa evidência não coincidia com a velha experiência que me afirmava que, em um campo gravitacional, todos os corpos sofrem a mesma aceleração. Esse princípio, cuja formulação se traduz pela igualdade das massas inertes e das massas pesadas, se me mostrou então em sua significação essencial. No sentido mais forte da palavra, eu o descobri e sua existência me levou a adivinhar que provavelmente ele encerrava a chave para uma compreensão melhor e mais profunda da inércia e da gravitação. Eu me baseei de modo absoluto sobre sua validez rigorosa, mas ignorava ainda os resultados das experiências de Eötvös, que só bem mais tarde vim a conhecer, se minha lembrança não me trai.

Decidi rejeitar como ilusória essa tentativa que acabei de expor: não mais tratarei do problema da gravitação no quadro da teoria da relatividade restrita. Porque esse quadro de modo algum corresponde à propriedade fundamental da gravitação. Doravante o princípio de igualdade da massa inerte e da massa pesada pode se explicitar de maneira perfeita: num campo de gravitação homogênea, todos os movimentos se executam como na ausência de um campo gravitacional, em relação a um sistema de coordenadas uniformemente acelerado. Se esse princípio puder aplicar-se a um qualquer acontecimento (cf. "princípio de equivalência") terei uma prova de que o princípio de relatividade poderia ser aplicado a sistemas de coordenadas que executassem um movimento não uniforme de uns em relação aos outros. Tudo isso supunha que eu quisesse chegar a uma teoria natural do campo gravitacional. Reflexões desse tipo ocuparam-me de 1908 a 1911 e esforcei-me por conseguir resultados particulares de que não falarei aqui; quanto a mim, havia adquirido uma base sólida: havia descoberto que não alcançaria uma teoria racional da gravitação a não ser pela extensão do princípio de relatividade.

Por conseguinte, devia fundar uma teoria cujas equações guardassem sua forma no caso de transformações não lineares de coordenadas. Não sabia, nesse momento de minha busca, se ela se aplicaria a transformações de coordenadas inteiramente ordinárias (contínuas) ou somente a algumas.

Depressa notei que, com a introdução, exigida pelo princípio de equivalência, das transformações não lineares, a explicação simplesmente física das coordenadas devia desaparecer; quer dizer, que não podia mais esperar que as diferenças de coordenadas exprimissem os resultados imediatos das medidas realizadas com regras e relógios ideais. Essa evidência me embaraçava terrivelmente, porque durante muito tempo não consegui situar o lugar real e necessário das coordenadas em física. Só resolvi verdadeiramente esse dilema por volta de 1912 e de acordo com o seguinte raciocínio.

Eu preciso encontrar nova expressão da lei da inércia. Porque, se por acaso um real "campo de gravitação no emprego de um sistema de inércia" viesse a faltar, ela serviria de sistema de coordenadas na expressão de Galileu do princípio de inércia. Galileu diz: um ponto material, sobre o qual não se exerce nenhuma força, é representado no espaço de quatro dimensões por uma linha reta, quer dizer, pela linha mais curta, ou mais precisamente, a linha extrema. Esse conceito supõe estabelecido o de comprimento de um elemento de linha, portanto de uma métrica. Ora, na teoria da relatividade restrita, essa medida — de acordo com as demonstrações de Minkowski — assemelhava-se a uma medida quase euclidiana: quer dizer, o quadrado do "comprimento" ds do elemento de linha é uma função quadrática determinada das diferenciais das coordenadas.

Se introduzo aqui outras coordenadas, por uma transformação não linear, ds^2 continua uma função homogênea das diferenciais de coordenadas, mas os coeficientes dessa função ($g_{\mu n}$) não são mais constantes, mas somente algumas funções das coordenadas. Em linguagem matemática, traduzo que o espaço físico de quatro dimensões possui uma métrica riemaniana. As linhas extremas dessa métrica dão a lei do movimento de um ponto material sobre o qual, fora das forças de gravitação, não age nenhuma força. Os coeficientes ($g_{\mu n}$) dessa métrica descrevem ao mesmo tempo, em relação ao sistema de coordenadas escolhido, o campo de gravitação. Graças a esse meio, descobri uma formulação natural do princípio de equivalência, cuja extensão a quaisquer campos de gravitação apresentava uma hipótese inteiramente verossímil.

Eu lhes expus a evolução, encontrando então a solução seguinte do dilema: a significação física não está ligada às diferenciais das coordenadas, mas exclusivamente à métrica riemaniana que lhes está associada. Por aí, se descobriu uma base para a teoria da relatividade geral, que se impõe. Mas ainda restam dois problemas a resolver:

1. Quando uma lei do campo se exprime em linguagem da teoria da relatividade restrita, como se poderá transferi-la para uma métrica de Riemann? Quais são as leis diferenciais que determinam a própria métrica (quer dizer, os $g_{\mu n}$) de Riemann?

Trabalhei sobre essas questões de 1912 a 1914 com meu amigo e colaborador Marcel Grossmann. Descobrimos que os métodos matemáticos para resolver o problema 1 já estavam todos no cálculo diferencial infinitesimal de Ricci e de Levi Civita.

2. Quanto ao problema 2, havia absoluta necessidade, para resolvê-lo, das formas diferenciais invariantes da segunda ordem dos $g_{\mu\nu}$. Descobrimos logo que estas já haviam sido analisadas por Riemann (tensor de curva). Dois anos antes da publicação da teoria da relatividade geral, já havíamos realçado a importância das equações corretas do campo gravitacional, sem chegar a perceber sua utilidade real em física. Julgava saber, ao contrário, que não podem corresponder à experiência. Além disso, eu me persuadia e pensava poder mostrá-lo, baseando-me numa consideração geral, a de que uma lei de gravitação invariante relativa a transformações de quaisquer coordenadas não é compatível com o princípio de causalidade. Esses erros de julgamento duraram por dois anos de trabalho singularmente árduo. Por fim, reconheci no final de 1915 que me havia enganado; descobri que devia ligar o conjunto aos fatos da experiência astronômica, depois de ter retomado o espaço curvo de Riemann.

À luz do conhecimento já adquirido, o resultado obtido parece quase normal e qualquer estudante inteligente o adivinha com facilidade. Assim a pesquisa procede por momentos distintos e prolongados, intuição, cegueira, exaltação e febre. Vem dar, um dia, nesta alegria e conhece tal alegria aquele que viveu esses momentos incomuns.

O problema do espaço, do éter e do campo físico

O pensamento científico aperfeiçoa o pensamento pré-científico. Já que neste último o conceito de espaço tem uma função fundamental, estabeleçamos e estudemos esse conceito. Há duas maneiras de apreender os conceitos e ambas são essenciais para perceber seu mecanismo. O primeiro método é o analítico lógico. Quer resolver o problema: como é que os conceitos e os juízos dependem uns dos outros? Nossa resposta põe-nos logo em um terreno relativamente seguro! Encontramos e respeitamos essa segurança na matemática. Mas ela se obtém à custa de um continente sem conteúdo. Porque os conceitos não correspondem a um conteúdo a não ser que estejam unidos, mesmo de modo muito indireto, às experiências sensíveis. Contudo, nenhuma pesquisa lógica pode afirmar essa união. Ela só pode ser vivida. E é justamente essa união que determina o valor epistemológico dos sistemas de conceitos.

Exemplo: um arqueólogo de uma futura civilização descobre um tratado de geometria de Euclides, mas sem figuras. Pela leitura dos teoremas, ele reconstruirá bem o emprego das palavras ponto, reta, plano. Reconstruirá também a cadeia dos teoremas e até, de acordo com as regras conhecidas, poderá inventar novos. Mas essa elaboração de teoremas será sempre para ele um verdadeiro jogo com palavras, enquanto ele não "puder imaginar alguma coisa" com os termos ponto, reta, plano etc. Mas se consegue, e unicamente se conseguir fazer isso, a geometria terá para ele um conteúdo real. O mesmo raciocínio aplica-se à mecânica analítica e em geral a todas as ciências lógico-dedutivas.

Que é que quero dizer com "poder imaginar alguma coisa com os termos ponto, reta, plano etc."? Em primeiro lugar, esclareço que é preciso expressar a matéria das experiências sensíveis a que se referem essas palavras. Esse problema extralógico será sempre o problema-chave que o arqueólogo só poderá resolver por intuição, buscando em suas experiências encontrar algo de análogo a essas expressões primitivas da teoria e, desses axiomas, as próprias bases das regras do jogo. É assim, de modo absoluto, que se deve colocar a questão da existência de uma coisa representada abstratamente.

Porque, com os conceitos arcaicos de nosso pensamento, nós nos achamos em face da realidade da mesma maneira que nosso arqueólogo diante de Euclides. Não sabemos praticamente quais imagens do mundo da experiência nos determinaram à formação de nossos conceitos e sofremos terrivelmente ao tentar representar o mundo da experiência, para além das vantagens da figuração abstrata, com a qual somos forçados a nos habituar. Enfim, nossa linguagem emprega, deve empregar palavras inextricavelmente ligadas aos conceitos primitivos e com isso aumenta a dificuldade para separá-los. Eis portanto os obstáculos que barram nosso caminho quando procuramos compreender a natureza do conceito de espaço pré-científico.

Antes de tratar do problema do espaço, gostaria de fazer uma observação sobre os conceitos em geral: eles dizem respeito a experiências dos sentidos, mas jamais podem ser deduzidos logicamente deles. Por causa dessa evidência, nunca pude aceitar a posição kantiana do *a priori*. Porque, nas questões de realidade, jamais se pode tratar a não ser de uma única coisa, a saber: procurar os caracteres dos conjuntos concernentes às experiências sensíveis e detectar os conceitos que a elas se referem.

No que se refere ao conceito de espaço, é preciso fazê-lo preceder do conceito de objeto corporal. Muitas vezes se explicou a natureza dos complexos e das impressões dos sentidos que constituem a origem desse conceito. A correspondência de certas sensações do tato e da vista, a possibilidade de encadeamento indefinido no tempo e de renovação das sensações (tato, visão) em qualquer momento constituem alguns desses caracteres. Uma vez que o conceito de objeto corporal ficou esclarecido, graças às experiências indicadas — digamos bem claramente que esse conceito de modo algum tem necessidade do conceito de espaço ou de relação espacial — a vontade de compreender pelo pensamento as relações recíprocas entre tais objetos corporais tem necessariamente de levar a conceitos que correspondam a suas relações espaciais. Dois corpos sólidos podem se tocar ou estar separados. No segundo caso, pode-se, sem modificá-los em nada, colocar entre eles um terceiro corpo, mas não no primeiro caso. Essas relações espaciais são manifestamente reais, exatamente da mesma maneira que os próprios corpos. Se dois corpos são equivalentes para encher um intervalo desse gênero, eles igualmente se revelam equivalentes para preencher outros intervalos. Portanto o intervalo continua independente da escolha especial do corpo destinado a ocupá-lo. Essa observação se aplica de modo inteiramente geral às relações espaciais. É evidente que essa independência, por representar uma condição prévia principal para a utilidade da formação de conceitos puramente geométricos, não se reconhece necessária *a priori*. Creio que o conceito de intervalo, isolado da escolha especial do corpo destinado a preenchê-lo coloca geralmente em questão o ponto de partida para chegar ao conceito de espaço.

Visto pelo ângulo da experiência sensível, o desenvolvimento desse conceito parece, de acordo com estas breves anotações, poder ser representado pelo seguinte esquema: objeto corporal — relações de posições de objetos corporais — intervalo — espaço. Conforme essa maneira de proceder, o espaço se impõe como algo real, exatamente como os objetos corporais.

Evidentemente, no mundo dos conceitos extracientíficos, o conceito de espaço foi pensado como o conceito de uma coisa real. Mas a matemática euclidiana não o definia como tal, preferia utilizar exclusivamente os conceitos de objeto e as relações de posição entre os objetos. O ponto, o plano, a reta, a distância representam objetos corporais idealizados. Todas as relações de posição são expressas por relações de contato (interseções de retas, de planos, posições de pontos sobre as retas etc.). Nesse sistema de conceitos, o espaço enquanto *continuum* jamais foi considerado. Descartes foi o primeiro a introduzir esse conceito ao descrever o ponto no espaço por meio de suas coordenadas. Somente aqui vemos o nascimento das formas geométricas e de certo modo podemos pensá-las como partes do espaço infinito, concebido como um *continuum* de três dimensões.

A grande força da concepção cartesiana do espaço não repousa exclusivamente no fato de colocar a análise a serviço da geometria. O ponto essencial é este: a geometria dos gregos privilegia as formas particulares (reta, plano) na descrição geométrica. E com isso outras formas (a elipse, por exemplo) somente lhe são realmente inteligíveis porque ela as constrói ou define com o auxílio de formas como o ponto, a reta e o plano. No sistema cartesiano, ao contrário, todas as superfícies, por exemplo, são dadas como equivalentes em princípio, sem se conceder uma preferência arbitrária pelas formas lineares na construção da geometria.

Na medida em que a geometria é inteligível como doutrina das leis da proposição recíproca de corpos praticamente rígidos, ela deve ser considerada a mais antiga parte da física. Pôde aparecer, como já se notou, sem o conceito de espaço enquanto tal, pois podia utilizar bem as formas ideais corporais, tais como o ponto, a reta, o plano e a distância. Em compensação, a física de Newton exige a totalidade do espaço, no sentido de Descartes. Evidentemente os conceitos de ponto material e de distância entre os pontos materiais (variável com o tempo) não bastam para a dinâmica. Nas equações do movimento de Newton, a noção de aceleração tem papel fundamental, que não define só pelas distâncias entre os pontos, variáveis com o tempo. A aceleração de Newton somente é pensável e inteligível como aceleração em relação à totalidade do espaço. A essa realidade geométrica do conceito de espaço associa-se portanto uma nova função do espaço, que determina a inércia. Quando Newton declarou que o espaço é absoluto, teve certamente presente no espírito a significação real do espaço e deve, por consequência e necessariamente, ter atribuído a seu espaço um estado de movimento bem-definido que, confessemo-lo, não está completamente determinado pelos fenômenos da mecânica. Esse espaço foi ainda inventado como absoluto, de outro ponto de vista. Sua eficácia para determinar a inércia continua independente, portanto não provocada por circunstâncias físicas de qualquer espécie. Ele age sobre as massas, nada age sobre ele.

E no entanto, na consciência e na imaginação dos físicos, o espaço conservou até os últimos tempos o aspecto de um território passivo para todos os acontecimentos, estranho ele mesmo aos fenômenos físicos. A formação dos conceitos começa a tomar outra feição somente com a teoria ondulatória da luz e a teoria do campo eletromagnético de Maxwell e Faraday. Parece, então, evidente que existem no espaço vazio objetos dos estados que se propagam por ondulação, bem como campos localizados que podem exercer ações dinâmicas sobre massas elétricas ou polos magnéticos que se lhe opõem. Mas os físicos do século XIX consideram totalmente absurdo atribuir ao próprio espaço funções ou estados físicos. Obrigam-se então a construir para si um fluido que penetraria em todo o espaço, o éter, tendo por modelo a matéria ponderável. E o éter se tornaria o suporte dos fenômenos eletromagnéticos e, por conseguinte, também dos fenômenos luminosos. Começa-se representando os estados desse fluido, que deviam ser os campos eletromagnéticos, como mecânicos, exatamente à maneira das deformações elásticas dos corpos sólidos. Mas não foi possível completar essa teoria mecânica do éter, de sorte que se foi lentamente habituando a renunciar a interpretar de maneira mais rigorosa a natureza dos campos do éter. Assim, o éter se transformou em uma matéria, com a única função de servir de suporte para campos elétricos que não se sabia analisar de modo mais profundo. Redundou na seguinte imagem: o éter enche o espaço; no éter nadam os corpúsculos materiais ou os átomos da matéria ponderável. Assim a estrutura atômica da matéria se torna, na passagem do século, um sólido resultado adquirido pela pesquisa.

A ação recíproca dos corpos se efetuará pelos campos; portanto, também no éter haverá um campo de gravitação; mas, naquela época, a lei desse campo não tem forma alguma nitidamente delimitada. Imagina-se o éter como a sede de todas as ações dinâmicas que se experimentam no espaço. Desde o momento em que se reconhece que as massas elétricas em movimento produzem um campo magnético, cuja energia fornece um modelo para a inércia, esta se mostra imediatamente como um efeito do campo localizado no éter.

As propriedades do éter são a princípio bem confusas. Mas H.A. Lorentz faz uma descoberta fantástica. Todos os fenômenos de eletromagnetismo até então conhecidos podiam se explicar por duas hipóteses. O éter permanece solidamente preso no espaço, donde não pode absolutamente se mover. Ou, então, a eletricidade permanece solidamente ligada às partículas elementares móveis. Hoje é possível indicar o ponto exato da descoberta de H.A. Lorentz: o espaço físico e o éter não são mais do que duas expressões diferentes de uma só e única coisa. Os campos são estados físicos do espaço. Se não se concede ao éter nenhum estado de movimento particular, não há nenhuma razão para fazê-lo figurar ao lado do espaço como uma realidade de um gênero particular. No entanto, tal modo de pensar ainda escapava ao espírito dos físicos. Porque, para eles, tanto depois como antes, o espaço conserva algo de rígido e de homogêneo, portanto não suscetível de nenhum movimento nem de estado. Só o gênio de Riemann, isolado, malreconhecido no ambiente do século passado, limpa o caminho para chegar à concepção de uma nova noção de espaço. Nega sua rigidez. O espaço pode participar dos acontecimentos físicos. Ele reconhece ser isso possível! Essa façanha do pensamento riemaniano suscita a admiração e precede a teoria do campo elétrico de Faraday e Maxwell. E é a vez da teoria da relatividade restrita. Ela reconhece a equivalência física de todos os sistemas de inércia e sua ligação com a eletrodinâmica ou com a lei da propagação da luz torna lógica a inseparabilidade do espaço e do tempo. Antes, reconhecia-se tacitamente que o *continuum* de quatro dimensões no mundo dos fenômenos podia ser separado para a análise de maneira objetiva em tempo e em espaço. Assim, a palavra "agora" adquire, no mundo dos fenômenos, um sentido absoluto. Desse modo, a relatividade da simultaneidade é reconhecida e, ao mesmo tempo, o espaço e o tempo são vistos como unidos em um único *continuum,* exatamente como anteriormente haviam sido reunidas em um *continuum* único as três dimensões do espaço. O espaço físico está agora completo. É espaço de quatro dimensões, por integrar a dimensão tempo. O espaço de quatro dimensões da teoria da relatividade restrita aparece tão estruturado, tão absoluto quanto o espaço de Newton.

A teoria da relatividade apresenta excelente exemplo do caráter fundamental do desenvolvimento moderno da teoria. As hipóteses de antes tornam-se cada vez mais abstratas, cada vez mais afastadas da experiência. Mas, em compensação, vão se aproximando muito do ideal científico por excelência: reunir, por dedução lógica, graças a um mínimo de hipóteses ou de axiomas, um máximo de experiências. Assim, a epistemologia, indo dos axiomas para as experiências ou para as consequências verificáveis, se revela cada vez mais árdua e delicada, cada vez mais o teórico se vê obrigado, na busca das teorias, a deixar-se dominar por pontos de vista formais rigorosamente matemáticos, porque a experiência do experimentador em física não pode mais conduzir às regiões de altíssima abstração. Os métodos indutivos, empregados na ciência, correspondendo na realidade à juventude da ciência, são eliminados por um método dedutivo muito cauteloso. Uma combinação teórica desse gênero tem de apresentar um alto grau de perfeição para desembocar em consequências que, em última análise, serão confrontadas com a experiência. Ainda aqui, o supremo juiz, reconheçamo-lo, continua a ser o fato experimental; mas o reconhecimento pelo fato experimental também avalia o trabalho terrivelmente longo e complexo e realça as pontes armadas entre as imensas consequências verificáveis e os axiomas que as permitiram. O teórico tem de executar esse trabalho de titã com a certeza nítida de não ter outra ambição a não ser a de preparar talvez o assassínio de sua própria teoria. Jamais se deveria criticar o teórico quando se entrega a semelhante trabalho ou tachá-lo de fantasioso. É preciso dar valor a essa fantasia. Porque para ele representa o único itinerário que leva à meta. Certamente não se trata de brincadeira, mas de paciente procura em vista das possibilidades logicamente mais simples, e de suas consequências. Impõe-se essa *captatio benevolentiae*.[6] Predispõe necessariamente melhor o ouvinte ou o leitor a seguir com paixão o desenrolar das ideias que vou apresentar. Porque foi assim que passei da teoria da relatividade restrita para a teoria da relatividade geral e de lá, em seu último prolongamento, para a teoria do campo unitário. Para expor essa caminhada não posso evitar completamente o emprego dos símbolos matemáticos.

Comecemos pela teoria da relatividade restrita. Esta se funda diretamente sobre uma lei empírica, a da constância da velocidade da luz. Seja P um ponto no vácuo P' um ponto infinitamente próximo, cuja distância de P é d. Suponhamos uma emissão luminosa vinda de P no momento t, atingindo P' no momento $t + d$. Obtém-se então:

$$do^2 = c^2 dt^2.$$

---

[6] "Captação de simpatia." Em latim no original. (N. do E.)

Se dx1, dx2 dx3 são as projeções ortogonais de do e se se introduz a coordenada de tempo imaginário $ct\sqrt{1} = x4$, a lei acima da constância da propagação da luz então se escreverá:

$$ds^2 = dx^2_1 + dx^2_2 + dx^2_3 + dx^2_4 = 0$$

Já que esta fórmula expressa um estado real, pode-se atribuir à grandeza ds uma significação real, mesmo no caso em que os pontos vizinhos do *continuum* de quatro dimensões tenham sido escolhidos de tal maneira que o ds correspondente não desapareça. O que dá pouco mais ou menos no seguinte: o espaço de quatro dimensões (com a coordenada imaginária de tempo) da teoria da relatividade restrita possui uma métrica euclidiana.

A razão de tal escolha consiste no seguinte: admitir tal métrica em um *continuum* de três dimensões obriga necessariamente a admitir os axiomas da geometria euclidiana. A equação de definição da métrica representa nesse caso exatamente aquilo que o teorema de Pitágoras representa aplicado às diferenciais das coordenadas.

Na teoria da relatividade restrita, tais mudanças de coordenadas (por uma transformação) são possíveis, pois nas novas coordenadas igualmente a grandeza ds^2 (invariante fundamental) se expressa nas novas diferenciais de coordenadas pela soma dos quadrados. As transformações dessa natureza chamam-se transformações de Lorentz.

O método heurístico da teoria da relatividade restrita assim se define pela seguinte característica: para exprimir as leis naturais, não se deve admitir senão equações cuja forma não muda, mesmo quando se modificam as coordenadas por meio de uma transformação de Lorentz (covariância das equações em relação às transformações de Lorentz).

Por esse método, reconheço a ligação necessária do impulso e da energia, da intensidade do campo magnético e do campo elétrico, das forças eletrostáticas e eletrodinâmicas, da massa inerte e da energia e, automaticamente, o número das noções independentes e das equações fundamentais da física vai se tornando cada vez mais restrito.

Esse método ultrapassa os próprios limites. Será exato que as equações que exprimem as leis naturais não sejam covariantes a não ser em relação às transformações de Lorentz e não em relação a outras transformações? A dizer verdade, a questão assim colocada não tem honestamente sentido algum, pois todo sistema de equações pode se exprimir com coordenadas gerais. Perguntemos antes: as leis naturais serão feitas de tal modo que a escolha das coordenadas particulares, quaisquer que sejam, lhes faça sofrer uma modificação essencial?

Reconheço, de passagem, que nosso princípio, baseado na experiência da igualdade da massa inerte e da massa pesada, nos obriga a responder afirmativamente. Se elevo à categoria de princípio a equivalência de todos os sistemas de coordenadas para formular as leis da natureza, chego à teoria da relatividade geral. Mas tenho de manter a lei da constância da velocidade da luz ou então a hipótese da significação objetiva da métrica euclidiana, pelo menos para as partes infinitamente pequenas do espaço de quatro dimensões.

Por conseguinte, para os domínios finitos do espaço eu suponho a existência (fisicamente significativa) de uma métrica geral segundo Riemann, como a seguinte fórmula:

$$ds2 = g\mu n dx\mu \, dxn$$

em que a soma deve se estender a todas as combinações de índices de 1,1 a 4,4.

A estrutura de um espaço assim apresenta um único ponto diferente, absolutamente essencial, do espaço euclidiano. Os coeficientes gμn são provisoriamente quaisquer funções das coordenadas x_1 a x_4 e a estrutura do espaço somente se reconhece verdadeiramente determinada quando essas funções gμn são realmente conhecidas. Pode-se igualmente afirmar que a estrutura de tal espaço se apresenta em si realmente indeterminada. Ela só será determinada de modo mais rigoroso quando se afirmarem as leis a que se prende o campo mensurável de gμn. Por motivos de ordem física persistia a convicção: o campo da medida é ao mesmo tempo o campo de gravitação.

Sendo o campo de gravitação determinado pela configuração das massas, e variando com ela, a estrutura geométrica desse espaço também depende de fatores físicos. De acordo com essa teoria, o espaço não é mais absoluto (exatamente o pressentimento de Riemann!), mas sua estrutura depende de influências físicas. A geometria (física) não se afirma agora como uma ciência isolada, fechada sobre si mesma, como a geometria de Euclides.

O problema da gravitação volta, assim, à sua dimensão de problema matemático. É preciso procurar as equações condicionais mais simples, covariantes em face de quaisquer transformações de coordenadas. Esse problema, bem-delimitado pelo menos, eu posso resolvê-lo.

Não se trata de discutir aqui a questão de verificar a teoria pela experiência, mas de esclarecer imediatamente por que a teoria não pode se satisfazer com esse resultado. A gravitação foi reintroduzida na estrutura do espaço. É um primeiro ponto, mas fora desse campo gravitacional existe o campo eletromagnético. Será necessário primeiro considerar teoricamente este último campo como uma realidade independente da gravitação. Na equação condicional para o campo, fui constrangido a introduzir termos suplementares para explicar a existência desse campo eletromagnético. Mas meu espírito de teórico não pode absolutamente suportar a hipótese de duas estruturas do espaço, independentes uma da outra, uma em gravitação métrica, a outra em eletromagnética. Minha convicção se impõe: as duas espécies de campo têm na realidade de corresponder a uma estrutura unitária do espaço.

JOHANNES KEPLER

Em nosso tempo, justamente nos momentos de grandes preocupações e de grandes tumultos, os homens e suas políticas não nos fazem muito felizes. Por isso estamos particularmente comovidos e confortados ao refletirmos sobre um homem tão notável e tão impávido quanto Kepler. No seu tempo, a existência de leis gerais para os fenômenos da natureza não gozava de nenhuma certeza. Por conseguinte, ele devia ter uma singular convicção sobre essas leis para lhes consagrar, dezenas de anos a fio, todas as suas forças, num trabalho obstinado e imensamente complicado. Com efeito, procura compreender empiricamente o movimento dos planetas e as leis matemáticas que o expressam. Está sozinho. Ninguém o apoia nem o compreende. A fim de honrar sua memória, gostaria de analisar o mais rigorosamente possível seu problema e as etapas de sua descoberta.

Copérnico inicia os melhores pesquisadores, fazendo notar que o melhor meio de compreender e de explicitar os movimentos aparentes dos planetas consiste em considerar esses movimentos como revoluções ao redor de um suposto ponto fixo, o Sol. Portanto, se o movimento de um planeta ao redor do Sol como centro fosse uniforme e circular, seria singularmente fácil descobrir, a partir da Terra, o aspecto desses movimentos. Mas, na realidade, os fenômenos são mais complexos e o trabalho do observador muito mais delicado. Será preciso primeiro determinar tais movimentos empiricamente, utilizando as tabelas de observação de Tycho Brahe. Somente depois desse enfadonho trabalho, torna-se possível encarar, ou sonhar com as leis gerais a que se moldariam esses movimentos.

Mas o trabalho de observação dos movimentos reais de revolução se revela muito árduo e, para tomar consciência deles, é preciso meditar na evidência: jamais se observa em momento determinado o lugar real de um planeta. Sabe-se somente em que direção ele é observado da Terra, que, por seu lado, perfaz ao redor do Sol um movimento cujas leis ainda não são conhecidas. As dificuldades parecem praticamente insuperáveis.

Kepler vê-se forçado a encontrar o meio para organizar o caos. A princípio ele descobre que é preciso tentar determinar o movimento da própria Terra. Ora, esse problema é simplesmente insolúvel, se só existissem o Sol, a Terra, as estrelas fixas, com a exclusão dos outros planetas. Porque se poderia, empiricamente, determinar a variação anual da direção da linha reta Sol-Terra (movimento aparente do Sol em relação às estrelas fixas). Mas seria só isso. Poder-se-ia também descobrir que todas essas direções se situariam num plano fixo em relação às estrelas fixas, na medida em que a precisão das observações recolhidas na época permitira formulá-lo. Porque ainda não existe o telescópio! Ora, é preciso determinar como a linha Sol-Terra evolui ao redor do Sol. Notou-se então que, cada ano, regularmente, a velocidade angular desse movimento se modificava. Mas essa verificação não ajudou muito, porque não se conhecia ainda a razão por que a distância da Terra ao Sol variava. Se apenas se conhecessem as modificações anuais dessa distância, ter-se-ia podido determinar a verdadeira forma da órbita da Terra e da maneira como se realiza.

Kepler encontra um processo admirável para resolver o dilema. Em primeiro lugar, de acordo com os resultados das observações solares, ele vê que a velocidade do percurso aparente do Sol contra o último horizonte das estrelas fixas é diferente nas diversas épocas do ano. Mas vê também que a velocidade angular desse movimento permanece sempre a mesma na mesma época do ano astronômico. Portanto a velocidade de rotação da linha Terra-Sol é sempre a mesma, se está dirigida para a mesma região das estrelas fixas. Portanto pode-se supor que a órbita da Terra se fecha sobre si mesma e que a Terra a realiza todos os anos da mesma maneira. Ora, isso não é evidente *a priori*. Para os adeptos do sistema de Copérnico, essa explicação deveria, praticamente de modo inexorável, aplicar-se também às órbitas dos outros planetas.

Essa descoberta já significa um progresso. Mas como determinar a verdadeira forma da órbita da Terra? Imaginemos uma lanterna M, colocada em algum lugar no plano da órbita, e que lança viva luz e conserva uma posição fixa, conforme já o verificamos. Ela constituirá então, para a determinação da órbita terrestre, uma espécie de ponto fixo de triangulação ao qual os habitantes da Terra poderiam se referir em qualquer época do ano. Precisemos ainda que essa lanterna estaria mais afastada do Sol do que da Terra. Graças a ela, pode-se avaliar a órbita terrestre.

Ora, cada ano, existe um momento em que a Terra T se situa exatamente sobre a linha que liga o Sol S à lanterna M. Se, nesse momento, se observar da Terra T a lanterna M, essa direção será também a direção SM (Sol-lanterna). Imaginemos esta última direção traçada no céu. Imaginemos agora uma outra posição da Terra, em outro momento. Já que, da Terra, se pode ver tão bem o Sol S quanto a lanterna M, o ângulo em T do triângulo STM se torna conhecido. Mas conhece-se também pela observação direta do Sol a direção ST em relação às estrelas fixas, ao passo que anteriormente a direção da linha SM em relação às estrelas fixas fora determinada de uma vez por todas. Conhece-se igualmente no triângulo STM o ângulo em S. Portanto, escolhendo-se à vontade uma base SM, pode-se traçar no papel, graças ao conhecimento dos dois ângulos em T e em S, o triângulo STM. Será então possível operar assim várias vezes durante o ano e, de cada vez, se desenha no papel uma localização para a Terra T, com a data correspondente e sua posição em relação à base SM, fixa de uma vez por todas. Kepler determina assim, empiricamente, a órbita terrestre. Simplesmente ignora sua dimensão absoluta, mas é tudo!

Porém, objetarão, onde é que Kepler encontrou a lanterna M? Seu gênio, sustentado pela inesgotável e benéfica natureza, o ajudou a encontrar. Podia, por exemplo, utilizar o planeta Marte. Sua revolução anual, quer dizer, o tempo que Marte leva para realizar uma volta ao redor do Sol, era conhecida. Pode acontecer o caso em que Sol, Terra, Marte se encontrem exatamente na mesma linha. Ora, essa posição de Marte se repete cada vez depois de um, dois etc. anos marcianos, porque Marte realiza uma trajetória fechada. Nesses momentos conhecidos, SM apresenta sempre a mesma base, ao passo que a Terra se situa sempre em um ponto diferente de sua órbita. Portanto, nesses momentos, as observações sobre o Sol e Marte oferecem um meio para se conhecer a verdadeira órbita da Terra, pois o planeta Marte reproduz nessa situação a função da lanterna imaginada e descrita anteriormente.

Kepler assim descobre a forma justa da órbita terrestre, bem como a maneira pela qual a Terra a realiza. Quanto a nós, ditos hoje europeus, alemães, até mesmo suábios, temos de admirar e glorificar Kepler por sua intuição e sua fecundidade.

A órbita terrestre está então empiricamente determinada; conhece--se a qualquer momento a linha SA em sua posição e sua grandeza verdadeiras. Portanto, em princípio, não deve ser muito mais difícil para Kepler calcular, pelo mesmo processo e por observações, as órbitas e os movimentos dos outros planetas. Mas na realidade isso apresenta enorme dificuldade porque as matemáticas de seu tempo ainda são primárias.

Contudo Kepler ocupa sua vida com uma segunda questão, igualmente complexa. As órbitas, ele as conhece empiricamente, mas suas leis, será preciso deduzi-las desses resultados empíricos. Resolve estabelecer uma suposição sobre a natureza matemática da curva da órbita. Vai verificá-la depois por meio de enormes cálculos numéricos. E, se os resultados não coincidem com a suposição, ele imaginará outra hipótese e verificará de novo. Executará prodigiosas pesquisas. E, Kepler obtém um resultado conforme à hipótese ao imaginar o seguinte: a órbita é uma elipse da qual o Sol ocupa um dos focos. Encontra então a lei pela qual a velocidade varia durante uma revolução, no ponto em que a linha Sol-planeta realiza, em tempos idênticos, superfícies idênticas. Enfim Kepler descobre que os quadrados de durações de revolução são proporcionais às terceiras potências dos grandes eixos de elipses.

Nós admiramos esse homem maravilhoso. Mas, para além desse sentimento de admiração e de veneração, temos a impressão de nos comunicar não mais com um ser humano, mas com a natureza, e o mistério de que estamos cercados desde nosso nascimento.

Já na antiguidade, homens imaginaram curvas para forjarem as leis mais evidentes possíveis. Entre elas, conceberam a linha reta, o círculo, a elipse e a hipérbole. Ora, observamos que estas últimas formas se realizam, e mesmo com grande aproximação, nas trajetórias dos corpos celestes.

A razão humana, eu o creio muito profundamente, parece obrigada a elaborar antes e espontaneamente formas cuja existência na natureza se aplicará a demonstrar em seguida. A obra genial de Kepler prova essa intuição de maneira particularmente convincente. Kepler dá testemunho de que o conhecimento não se inspira unicamente na simples experiência, mas fundamentalmente na analogia entre a concepção do homem e a observação que faz.

A mecânica de Newton e sua influência sobre a formação da física teórica

Festejamos nestes dias o bicentenário da morte de Newton. Desejaria evocar a inteligência desse espírito perspicaz. Porque ninguém antes dele e mesmo depois abriu verdadeiramente caminhos novos para o pensamento, para a pesquisa, para a formação prática dos homens do ocidente. Evidentemente nossa lembrança o considera como o genial inventor dos métodos diretores particulares. Mas também ele domina, ele e só ele, todo o conhecimento empírico de seu tempo. E revela-se prodigiosamente engenhoso para qualquer demonstração matemática e física, mesmo ao nível dos pormenores. Todas essas razões provocam nossa admiração. Contudo Newton supera a imagem de um mestre que se tem dele. Porque ele se situa em um momento crucial do desenvolvimento humano. É preciso compreendê-lo de modo absoluto e nunca nos esquecermos. Antes de Newton, não existe nenhum sistema completo de causalidade física capaz de perceber, mesmo de maneira comum, os fatos mais evidentes e mais repetidos do mundo da experiência.

Os grandes filósofos da antiguidade helênica exigiam que todos os fenômenos materiais se integrassem em uma sequência rigorosamente determinada pela lei de movimentos dos átomos. Jamais a vontade de seres humanos poderia intervir, causa independente, nessa cadeia inelutável. Admitamos no entanto que Descartes, a seu modo, tenha retomado a busca dessa mesma meta. Mas sua empresa consiste em um desejo cheio de audácia e no ideal problemático de uma escola de filosofia. Resultados positivos, incontestados e incontestáveis, elementos para uma teoria de uma causalidade física perfeita, nada disto existe praticamente antes de Newton.

Mas ele quer responder à clara pergunta: existe uma regra simples? Caso exista, poderei calcular completamente o movimento dos corpos celestes de nosso sistema planetário, com a condição de que o estado de movimento de todos esses corpos em dado momento seja conhecido? O mundo conhece as leis empíricas de Kepler sobre o movimento planetário. Baseiam-se nas observações de Tycho Brahe. Exigem uma explicação. Porque hoje se compreende o esforço imenso do espírito, pois se tratava então de deduzir leis a partir de órbitas empiricamente conhecidas. E poucas pessoas realmente apreciam a genial aventura de Kepler, quando conseguiu efetivamente determinar as órbitas reais de acordo com direções aparentes, isto é, observadas da Terra. Certamente essas leis dão uma resposta satisfatória à questão de saber como os planetas se deslocam ao redor do Sol: forma elíptica da órbita, igualdade das áreas atravessadas em tempos iguais, relações entre semigrandes eixos e as durações de percurso. Mas essas regras não respondem à necessidade de explicação causal, porque são três regras logicamente independentes uma da outra, sem qualquer conexão interna. Assim, a terceira lei não pode, pura e simplesmente, ser aplicada numericamente a um outro corpo central que não seja o Sol! Por exemplo, não existe nenhuma relação entre a duração de percurso de um planeta ao redor do Sol e a de um satélite ao redor de seu planeta! O mais grave se revela aqui: essas leis dizem respeito ao movimento enquanto conjunto. Não respondem à questão: "Como do estado de movimento de um sistema decorre o movimento que o segue imediatamente na duração?" Empreguemos nosso modo de falar atual. Procuramos integrais, e não leis diferenciais.

Ora, a lei diferencial constitui a única forma que satisfaz completamente à necessidade de explicação causal do físico moderno. E a concepção perfeitamente clara da lei diferencial continua a ser uma das façanhas de Newton. Não somente exigia a capacidade para pensar esse problema, mas era preciso ultrapassar o formalismo matemático em seu estado rudimentar. Tudo devia ser traduzido de forma sistemática. Ora, Newton, ainda aqui, inventa essa sistematização no cálculo diferencial e no cálculo integral. Pouco importa discutir e saber se Leibnitz, independentemente dele, descobriu os mesmos métodos matemáticos ou não! De qualquer modo, Newton nesse momento de seu raciocínio teve necessidade deles, porque esses métodos lhe são, com toda a certeza, indispensáveis para formular os resultados de seu pensamento conceptual.

O primeiro progresso significativo no conhecimento da lei do movimento fora feito já antes por Galileu. Ele conhece a lei da inércia e a da queda livre dos corpos no campo de gravitação da Terra: uma massa (ou mais precisamente um ponto material), não influenciada por outras massas, move-se uniformemente em linha reta. A velocidade vertical de um corpo livre cresce, no campo da gravidade, proporcionalmente ao tempo. Hoje poderíamos ingenuamente pensar que dos conhecimentos de Galileu até à lei do movimento de Newton o progresso era muito banal. E no entanto não se pode fazer pouco caso da seguinte observação: Galileu e Newton definem os dois enunciados, segundo sua forma, como movimento em seu conjunto. Mas a lei de Newton já responde à questão exata: como se manifesta o estado de movimento de um ponto material em um tempo infinitamente pequeno, sob a influência de uma força exterior? Porque foi unicamente ao passar para a observação do fenômeno durante um tempo infinitamente pequeno (lei diferencial) que Newton conseguiu encontrar as fórmulas aplicáveis a quaisquer movimentos. Ele emprega a noção de força, que a estática já desenvolvera. Para tornar possível a ligação entre força e aceleração, introduz um novo conceito, o de massa. Apresenta uma bela definição, mas curiosamente não passa de aparência. Nosso hábito moderno de fabricar conceitos aplicáveis a quocientes diferenciais nos impede de compreender que fantástico poder de abstração se exigia para chegar, por dupla derivação, à lei diferencial geral do movimento, onde esse conceito de massa estava ainda por inventar.

Não havíamos ainda compreendido, mesmo com esse progresso, a razão causal dos fenômenos de movimento. Porque o movimento somente é determinado pela equação do movimento quando a força aparece. Newton, provavelmente condicionado pelas leis do movimento dos planetas, tem a ideia de que a força que age sobre uma massa é determinada pela posição de todas as massas situadas a uma distância suficientemente pequena da massa em questão. Logo que foi conhecida essa relação, Newton teve a compreensão completa dos fenômenos de movimento. Todo o mundo sabe então como Newton, continuando a análise das leis do movimento planetário de Kepler, resolve o dilema por meio da gravitação, descobre assim a identidade das forças motrizes, aquelas que agem sobre os astros, e as da gravidade. Eis a união da lei do movimento e da lei da atração, eis a obra-prima admirável de seu pensamento. Porque permite calcular, partindo do estado de um sistema que funciona em dado momento, os estados anteriores e posteriores, evidentemente na medida em que os fenômenos se produzem sob a ação das forças da gravitação. O sistema de conceitos de Newton apresenta extrema coerência lógica, porque descobre que as causas de aceleração das massas de um sistema são somente as próprias massas.

Nessa base, que analiso em suas linhas gerais, Newton chega a explicar em pormenores os movimentos dos planetas, dos satélites, dos cometas, o fluxo e o refluxo, o movimento de precessão da Terra, soma de deduções de um gênio incomparável! A origem dessa teoria particularmente estupenda é a seguinte concepção: a causa dos movimentos dos corpos celestes é idêntica à gravidade. Agora, cotidianamente, a experiência o confirma.

A importância dos trabalhos de Newton consiste principalmente na criação e na organização de uma base utilizável, lógica e satisfatória para a mecânica propriamente dita. Mas esses trabalhos permanecem até o fim do século XIX o programa fundamental de cada pesquisador, no domínio da física teórica. Todo acontecimento físico deve ser traduzido em termos de massa, e esses termos são redutíveis às leis do movimento de Newton. A lei da força é a exceção. Em seguida era preciso alargar e adaptar esse conceito ao gênero de fatos utilizados pela experiência. O próprio Newton tentou aplicar seu programa à óptica, imaginando a luz composta de corpúsculos inertes. A óptica da teoria ondulatória também empregará a lei do movimento de Newton, após ter sido aplicada a massas distribuídas de maneira contínua. A teoria cinética do calor baseia-se exclusivamente sobre as equações do movimento de Newton. Ora, essa teoria não apenas forma os espíritos para o conhecimento da lei da conservação da energia, mas também serve de base para uma teoria dos gases, confirmada em todos os pontos, bem como uma concepção muito elaborada da natureza conforme o segundo princípio da termodinâmica. A teoria da eletricidade e do eletromagnetismo desenvolveu-se de igual maneira até nossos dias, inteiramente sob a influência diretriz das ideias fundamentais de Newton (substância elétrica e magnética, forças agindo a distância). Até mesmo a revolução operada por Faraday e Maxwell na eletrodinâmica e na óptica, revolução que constitui o primeiro grande progresso fundamental das bases da física teórica depois de Newton, mesmo essa revolução se realiza integralmente dentro do esquema das ideias newtonianas. Maxwell, Boltzmann, Lord Kelvin não deixarão de se reportar aos campos eletromagnéticos e suas ações dinâmicas recíprocas a fenômenos mecânicos de massas hipotéticas repartidas de maneira contínua. Mas, por causa dos fracassos, ou, pelo menos, da falta de êxito desses esforços, nota-se, pouco a pouco, desde o fim do século XIX uma revolução das maneiras fundamentais de pensar. Agora a física teórica deixou o quadro newtoniano que, por quase dois séculos, conservava como guia científico intelectual e moral.

Do ponto de vista lógico, os princípios fundamentais de Newton pareciam tão satisfatórios, que um estímulo a qualquer inovação só poderia ser provocado pela pressão dos fatos da experiência. Antes de refletir sobre esse poder lógico abstrato, devo recordar que o próprio Newton conhecia os lados fracos inerentes à arquitetura de seu pensamento, e sabe isso melhor ainda do que as gerações de sábios que o sucederão. Esse fato me comove e provoca em mim uma admiração cheia de respeito. Por isso vou tentar meditar mais profundamente nessa evidência.

1. Nota-se constantemente o esforço de Newton por apresentar seu sistema de pensamento necessariamente condicionado pela experiência. Nota-se também que utiliza o mínimo possível conceitos não diretamente ligados aos objetos da experiência. E, no entanto, coloca os conceitos: espaço absoluto, tempo absoluto! Em nossa época, muitas vezes o censuram por isso. Mas justamente nessa afirmação Newton se reconhece particularmente consequente consigo mesmo. Porque descobriu experimentalmente que as grandezas geométricas observáveis (distâncias dos pontos materiais entre eles) e seu curso no tempo não definem completamente os movimentos no ponto de vista físico. Demonstrou esse fato pela célebre experiência do balde. Portanto existe, além das massas e de suas distâncias variáveis no tempo, ainda alguma coisa que determina os acontecimentos. Essa "alguma coisa" ele a imagina como a relação com o "espaço absoluto". Confessa que o espaço deve possuir uma espécie de realidade física, para que suas leis do movimento possam ter um sentido, uma realidade da mesma natureza que a dos pontos materiais e suas distâncias.

Esse conhecimento lúcido de Newton indica evidentemente sua sabedoria, mas também a fragilidade de sua teoria. Porque a construção lógica dessa arquitetura se imporia bem melhor, com certeza, sem esse conceito obscuro. Porque então nas leis apenas encontraríamos objetos (pontos materiais, distâncias) cujas relações com as percepções permaneceriam perfeitamente transparentes.

2. Introduzir forças diretas, agindo a distância instantaneamente para representar os efeitos da gravitação, não concorda com o cunho da maioria dos fenômenos conhecidos pela experiência cotidiana. Newton responde a essa objeção. Declara que sua lei da ação recíproca da gravidade não ambiciona ser uma explicação definitiva, mas antes uma regra deduzida da experiência.

3. Ao fato singularmente notável de que o peso e a inércia de um corpo continuam determinados pela mesma grandeza (a massa), Newton não apresenta nenhuma explicação em sua teoria; mas a singularidade do fato não lhe escapava.

Nenhum desses três pontos autoriza uma objeção lógica contra a teoria. Trata-se antes de desejos insatisfeitos do espírito científico, que mal suporta não poder penetrar totalmente, e por uma concepção unitária, nos fenômenos da natureza.

A teoria da eletricidade de Maxwell ataca e abala pela primeira vez a doutrina do movimento de Newton, considerada como programa de toda a física teórica. Verifica-se que as ações recíprocas, exercidas entre os corpos por corpos elétricos e magnéticos, não dependem de corpos agindo a distância e instantaneamente, mas são provocadas por operações que se propagam através do espaço com uma velocidade finita. Pela concepção de Faraday, estabelece-se que existe, ao lado do ponto material e de seu movimento, uma nova espécie de objetos físicos reais; dão-lhe o nome de "campo". Procura-se imediatamente concebê-lo, fundando-se sobre a concepção mecânica, como um estado (de movimento ou de constrangimento) mecânico de um fluido hipotético (o éter) que encheria o espaço. Mas essa interpretação mecânica, apesar dos esforços mais teimosos, não dá resultado. Então viram-se obrigados, pouco a pouco, a conceber o "campo eletromagnético" como o elemento último, irredutível, da realidade física. H. Hertz conseguiu isolar o conceito de campo de todo o arsenal formado pelos conceitos da mecânica. Percebe sua função, e lhe devemos esse progresso. Enfim H. A. Lorentz pôde isolar o campo de seu suporte material. Com efeito, segundo H. A. Lorentz, o suporte do campo é figurado apenas pelo espaço físico vazio ou o éter. Mas o éter, já na mecânica de Newton, não foi purificado de todas as funções físicas. Essa evolução chega então ao fim e ninguém mais acredita nas ações a distância diretas e instantâneas, nem mesmo no domínio da gravitação. E no entanto, por falta de fatos suficientemente conhecidos, nenhuma teoria do campo foi tentada a partir da gravitação de modo unilateral! Assim o desenvolvimento da teoria do campo eletromagnético gera a seguinte hipótese. Já que se abandona a teoria de Newton de forças agindo a distância, explicar-se--á pelo eletromagnetismo a lei newtoniana do movimento ou então ela será substituída por uma lei mais exata baseada na teoria do campo. Tais tentativas não chegarão na verdade a um resultado definitivo. Mas doravante as ideias fundamentais da mecânica deixam de ser consideradas como princípios essenciais da imagem do mundo físico.

A teoria de Maxwell-Lorentz vem dar fatalmente na teoria da relatividade restrita que, por destruir a ficção da simultaneidade absoluta, não pode se permitir a crença na existência de forças agindo a distância. Segundo essa teoria, a massa não é mais uma grandeza imutável, mas varia conforme seu conteúdo de energia, sendo-lhe mesmo equivalente. Por essa teoria, a lei do movimento de Newton só pode ser encarada como uma lei-limite válida para pequenas velocidades. Em compensação, revela-se nova lei do movimento; substitui a precedente e mostra que a velocidade da luz no vácuo existe, mas como velocidade-limite.

O último progresso do desenvolvimento do programa da teoria do campo é denominado teoria da relatividade geral. Quantitativamente, pouco modifica a teoria newtoniana, mas qualitativamente provoca modificações essenciais nela. A inércia, a gravitação, o comportamento medido dos corpos e dos relógios, tudo se traduz na qualidade unitária do campo. E esse mesmo campo se apresenta como dependente dos corpos (generalização da lei de Newton ou da lei do campo que lhe corresponde, como Poisson já o formulara). Assim, espaço e tempo se veem esvaziados de sua substância real! Mas espaço e tempo perdem seu caráter de absoluto causal (influenciando, mas não influenciado) que Newton foi obrigado a lhes atribuir para poder enunciar as leis então conhecidas. A lei de inércia generalizada substitui o papel da lei do movimento de Newton. Essa reflexão esquemática quer realçar como os elementos da teoria de Newton se integraram na teoria da relatividade geral e como os três defeitos, analisados anteriormente, puderam ser corrigidos. No quadro da teoria da relatividade geral, a meu ver, a lei do movimento pode ser deduzida da lei do campo correspondente à lei das forças de Newton. Quando esta meta foi realmente atingida de modo completo, pôde-se verdadeiramente raciocinar sobre a teoria pura do campo.

A mecânica de Newton ainda prepara o caminho para a teoria do campo em um sentido mais formal. Com efeito, a aplicação da mecânica de Newton às massas distribuídas de maneira contínua provocou inevitavelmente a descoberta e, em seguida, o emprego das equações às derivadas parciais. Depois, deram uma linguagem às leis da teoria do campo. Sob essa relação formal a concepção de Newton sobre a lei diferencial ilustra o primeiro progresso do desenvolvimento que passamos a ver.

Toda a evolução de nossas ideias sobre a maneira pela qual até agora imaginamos as operações da natureza pode ser concebida como um desenvolvimento das ideias newtonianas. Mas, enquanto se efetuava a organização estruturada da teoria do campo, os fatos da irradiação térmica, dos espectros, da radioatividade etc. revelavam um limite na utilização de todo o sistema de ideias. E hoje ainda, mesmo tendo nós obtido sucessos prestigiosos mas esporádicos, esse limiar se mostrou praticamente intransponível, com um certo número de argumentos de valor; muitos físicos sustentam que, diante dessas experiências, não apenas a lei diferencial, mas também a lei de causalidade deram provas de seu malogro. Ora, a lei de causalidade até hoje se levantava como o último postulado fundamental de toda a natureza! Mas vai-se mais longe ainda! Nega-se a possibilidade de uma construção espaço-tempo porque não poderia ser coordenada de maneira evidente com os fenômenos físicos. Assim, por exemplo, um sistema mecânico é, de maneira constante, capaz somente de valores de energia discretos ou de estados discretos — a experiência prova-o por assim dizer diretamente! Parece então, e antes de mais nada, que essa evidência dificilmente podia ser ligada a uma teoria de campo que funcionasse com equações diferenciais. E o método de Broglie-Schrodinger que, de certo modo, se assemelha às características de uma teoria do campo, deduz a existência de estados discretos, mas fundando-se sobre as equações diferenciais por uma espécie de reflexão de ressonância. Ora, isso concorda de maneira estupenda com os resultados da experiência. Mas o método, por sua vez, malogra na localização das partículas materiais, em leis rigorosamente causais. Hoje, quem seria bastante louco para decidir de modo definitivo a solução do problema: a lei causal e a lei diferencial, essas últimas premissas da concepção newtoniana da natureza, terão de ser rejeitadas para todo o sempre?

A influência de Maxwell sobre a evolução da realidade física

Crer em um mundo exterior independente do sujeito que o percebe constitui a base de toda a ciência da natureza. Todavia, as percepções dos sentidos apenas oferecem resultados indiretos sobre esse mundo exterior ou sobre a "realidade física". Então somente a via especulativa é capaz de nos ajudar a compreender o mundo. Temos então de reconhecer que nossas concepções da realidade jamais apresentam outra coisa a não ser soluções momentâneas. Por conseguinte devemos estar sempre prontos a transformar essas ideias, quer dizer, o fundamento axiomático da física, se, lucidamente, queremos ver da maneira mais perfeita possível os fatos perceptíveis que mudam. Quando refletimos, mesmo rapidamente, sobre a evolução da física, observamos, com efeito, as profundas modificações dessa base axiomática.

A maior revolução dessa base axiomática da física ou de nossa compreensão da estrutura da realidade, desde que a física teórica foi estabelecida por Newton, foi provocada pelas pesquisas de Faraday e de Maxwell sobre os fenômenos eletromagnéticos. Quero tentar representar essa ruptura, com a maior exatidão possível, analisando o desenvolvimento do pensamento que precedeu e seguiu essas pesquisas.

Em primeiro lugar, o sistema de Newton. A realidade física se caracteriza pelos conceitos de espaço, de tempo, de pontos materiais, de força (a equivalência da ação recíproca entre os pontos materiais). Segundo Newton, os fenômenos físicos devem ser interpretados como movimentos de pontos materiais no espaço, movimentos regidos por leis. O ponto material, eis o representante exclusivo da realidade, seja qual for a versatilidade da natureza. Inegavelmente os corpos perceptíveis deram origem ao conceito de ponto material; figurava-se o ponto material como análogo aos corpos móveis, suprimindo-se nos corpos os atributos de extensão, de forma, de orientação no espaço, em resumo, todas as características "intrínsecas". Conservavam-se a inércia, a translação, e acrescentava-se o conceito de força. Os corpos materiais, transformados psicologicamente pela formação do conceito "ponto material", devem ser, a partir de então, concebidos eles próprios como sistemas de pontos materiais. Assim, pois, esse sistema teórico em sua estrutura fundamental se apresenta como um sistema atômico e mecânico. Portanto todos os fenômenos têm de ser concebidos do ponto de vista mecânico, quer dizer, simples movimentos de pontos materiais submetidos à lei do movimento de Newton.

Nesse sistema teórico, deixemos de lado a questão, já debatida nestes últimos tempos, a respeito do conceito de "espaço absoluto", mas consideremos a maior dificuldade: reside essencialmente na teoria da luz, porque Newton, concorde com seu sistema, a concebe também constituída de pontos materiais. Já na época se fazia a temível interrogação: onde se metem os pontos materiais constituintes da luz, quando esta é absorvida? Falando sério, o espírito não pode conceder à imaginação a existência de pontos materiais de natureza totalmente diferente, cuja presença se deveria admitir a fim de representar ora a matéria ponderal, ora a luz. Mais tarde seria preciso aceitar os corpúsculos elétricos como terceira categoria de pontos materiais, evidentemente com propriedades fundamentais diversas. A teoria de base repousa sobre um ponto muito fraco, já que é preciso admitir, de modo inteiramente arbitrário e hipotético, forças de ação recíproca que determinassem os acontecimentos. No entanto, essa concepção da realidade serviu imensamente a humanidade. Então por que e como se resolveu abandoná-la?

Newton quer dar forma matemática a seu sistema, obriga-se portanto a descobrir a noção de derivada e a estabelecer as leis do movimento sob a forma de equações diferenciais totais. Aí, Newton realizou sem dúvida o progresso intelectual mais fabuloso que um homem jamais tenha conseguido fazer. Porque nessa aventura as equações diferenciais parciais não se impunham e Newton delas não fez uso sistemático. Mas tornam-se indispensáveis para formular a mecânica dos corpos modificáveis. A razão profunda de sua escolha apoia-se neste fato: nesses problemas, a concepção de corpos exclusivamente formados de pontos materiais não teve absolutamente nenhuma atuação.

Assim, a equação diferencial parcial entra na física teórica um pouco pela porta da cozinha, mas aos poucos instala-se como rainha. Esse movimento irreversível principia no século XIX porque, diante dos fatos observados, a teoria ondulatória da luz sacode as barreiras. Antes, imaginava-se a luz no espaço vazio como um fenômeno de vibração do éter. Mas começa-se a brincar a sério ao vê-la como um conjunto de pontos materiais! Então, pela primeira vez, a equação diferencial parcial parece corresponder melhor à expressão natural dos fenômenos elementares da física. Assim, em um setor particular da física teórica, o campo contínuo e o ponto material são os representantes da realidade física. Mesmo atualmente, embora esse dualismo embarace consideravelmente qualquer espírito sistemático, ele se mantém. Se a ideia da realidade física deixa de ser puramente atômica, continua no entanto provisoriamente mecânica. Porque sempre se tenta interpretar qualquer fenômeno como um movimento de massas inertes e nem mesmo se chega a imaginar como possível uma outra maneira de conceber. Justamente nesse momento, há a imensa revolução, aquela que traz os nomes de Faraday, Maxwell, Hertz. Nesta história, Maxwell recebe a parte do leão. Ele explica que todos os conhecimentos da época a respeito da luz e dos fenômenos eletromagnéticos repousam sobre um duplo sistema bem conhecido de equações diferenciais parciais. E, da mesma forma que o campo magnético, o campo elétrico é figurado como uma variável dependente. Maxwell procura basear essas equações sobre construções mecânicas ideais ou então procura justificá-las pelas mesmas.

Mas utiliza várias construções dessa natureza, desordenadamente, sem levar realmente a sério nenhuma delas. Então somente as equações parecem ser o essencial e as forças do campo que ali figuram se mostram entidades elementares, irredutíveis a qualquer outra coisa. Na passagem do século, já a concepção do campo eletromagnético, entidade irredutível, se impõe universalmente. Então os teóricos sérios deixam de ter confiança no poder ou na possibilidade de Maxwell quando elabora equações a partir da mecânica. Bem depressa, em compensação, tentarão explicar pela teoria do campo os pontos materiais e sua inércia, com o auxílio da teoria de Maxwell, mas essa tentativa fracassará.

Maxwell obteve resultados importantes *particulares,* por trabalhos que duraram toda a sua vida e nos setores mais importantes da física. Mas esqueçamo-nos desse balanço, para estudar apenas a modificação de Maxwell, quando chega a conceber a natureza do real físico. Antes dele, eu concebo o real físico — isto é, eu represento para mim os fenômenos da natureza desse modo — como um conjunto de pontos materiais. Quando há mudança, as equações diferenciais parciais descrevem e regulam o movimento. Depois dele, eu concebo o real físico representado por campos contínuos, não explicáveis mecanicamente, mas regulados por equações diferenciais parciais. Essa modificação da concepção do real representa a mais radical e mais frutífera revolução para a física desde Newton. Mas é preciso também admitir que a realização completa dessa revolução ainda não triunfou por toda parte. Em troca, os sistemas físicos, eficazes e constituídos depois de Maxwell, fazem antes concessões entre as duas teorias. E, é claro, esse aspecto de transação bem indica seu valor provisório e sua lógica imperfeita, mesmo que algum sábio, em particular, tenha realizado imensos progressos.

Assim, a teoria dos elétrons de Lorentz mostra com clareza, e imediatamente, como o campo e os corpúsculos elétricos intervêm juntos como elementos de mesmo valor para se conceber melhor a realidade. Em seguida, a teoria da relatividade restrita, depois geral, se faz conhecer. Baseia-se inteiramente nas reflexões introduzidas pela teoria do campo e, até hoje, não pôde evitar o emprego dos pontos materiais e das equações diferenciais totais.

Por fim, a caçula da física teórica se chama mecânica dos *quanta*. Encontra grande sucesso, mas, por princípio, rejeita para sua estrutura de base os dois programas, aqueles que designamos, por motivos de comodidade, com os nomes de programa de Newton e programa de Maxwell. Com efeito, as grandezas representadas em suas leis não pretendem representar a própria realidade, mas apenas as probabilidades de existência de uma realidade física comprometida. Na minha opinião, Dirac foi quem, do modo mais admirável, expôs a ordem lógica dessa teoria. Ele observa com razão que seria quase ilusório descrever teoricamente um fóton, já que nessa descrição faltaria a razão suficiente para afirmar que ele poderá ou não passar por um polarizador colocado obliquamente em sua trajetória.

Estou intimamente persuadido de que os físicos não se contentarão por muito tempo com semelhante descrição insuficiente da realidade, mesmo que se chegasse a formular de modo logicamente aceitável sua teoria, de acordo com o postulado da relatividade geral. Portanto, é preciso provisoriamente satisfazer-se com a tentativa de realização do programa de Maxwell. Será necessário procurar descrever a realidade física por campos que satisfaçam às equações diferenciais parciais, excluindo rigorosamente qualquer singularidade.

O barco de Flettner

A história das descobertas científicas e técnicas revela-nos quanto o espírito humano carece de ideias originais e de imaginação criadora. E, mesmo quando as condições exteriores e científicas para o aparecimento de uma ideia já existem há muito, será preciso, na maioria dos casos, uma outra causa exterior a fim de que se chegue a se concretizar. O homem tem, no sentido literal da palavra, que se chocar contra o fato para que a solução lhe apareça. Verdade bem comum e pouco exaltante para nosso orgulho, e que se verifica perfeitamente no barco de Flettner. E atualmente esse exemplo continua espantando todo mundo! O barco oferece, ainda, uma atração suplementar: o modo de ação dos rotores de Flettner ainda são, geralmente, para o leigo no assunto, um verdadeiro mistério! Ora, na realidade, trata-se apenas de ações puramente mecânicas, justamente aquelas que todo homem julga conhecer naturalmente. Há cerca de duzentos anos já teríamos podido realizar a descoberta de Flettner, de um estrito ponto de vista científico. Com efeito, Euler e Bernoulli já haviam estabelecido leis elementares dos movimentos dos líquidos sem nenhuma fricção. Contudo, somente há alguns anos, quer dizer, depois que se utilizam praticamente pequenos motores, pôde-se executar concretamente a invenção. E no entanto, mesmo com as condições reunidas, um novo raciocínio não se faz automaticamente. Foram precisos repetidos malogros na experiência.

Em funcionamento, o barco de Flettner se assemelha por completo a um barco à vela. Porque, como este último, utiliza o vento e somente a força do vento o move e o faz adiantar-se. Contudo, em vez de agir sobre as velas, ele age sobre cilindros verticais de ferro laminado, mantidos em rotação por pequenos motores. E estes motores só têm de combater a pequenina fricção produzida sobre os cilindros pelo ar-ambiente e sobre seus suportes. A força motriz do barco depende exclusivamente do vento, já o notamos! Os cilindros rotativos se parecem, visualmente, com chaminés de barco a vapor, mas têm um aspecto bem maior e mais maciço. A seção transversal oposta ao vento é cerca de dez vezes menor do que a aparelhagem de um barco à vela da mesma potência.

"Mas, como é isso", exclama o leigo, "esses cilindros rotativos é que vão produzir uma força motriz?" Respondo imediatamente à pergunta, tentando fazê-lo sem recorrer aos termos matemáticos.

Em relação a todos os movimentos de fluidos (líquidos, gasosos) a notável proposição seguinte é sempre verdadeira: em diferentes pontos de uma corrente uniforme, se o fluido se move com velocidades diferentes, nos pontos de maior velocidade reina a menor pressão e vice-versa. A lei elementar do movimento ajuda a compreender essa lei com muita facilidade. Se, por exemplo, um fluido em movimento tem uma velocidade orientada para a direita, que aumenta da esquerda para a direita, as partículas individuais do fluido devem sofrer uma aceleração em seu trajeto da esquerda para a direita. Mas, para que esta se produza, é preciso que uma força aja sobre as partículas em direção à direita. Isso exige que a pressão exercida sobre o limite esquerdo seja mais elevada do que a que se exerce sobre o limite direito, ao passo que, ao contrário, a velocidade continua maior à direita do que à esquerda.

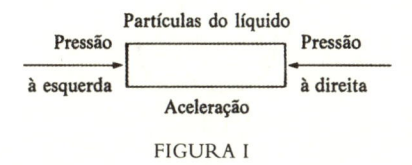

FIGURA I

A proposição da dependência inversa existente entre a pressão e a velocidade permite, sem dúvida alguma, avaliar as pressões produzidas pelo movimento de um líquido ou gás, contanto unicamente que se conheça a repartição da velocidade no líquido. Por um exemplo simples, muito conhecido, o de um vaporizador de perfume, vou explicar como se pode aplicar a proposição.

Temos um tubo que se alarga um pouco no gargalo A. Expulsa-se o ar a grande velocidade, graças a um balão de borracha que se aperta. O ar expulso se espalha sob a forma de jato que vai se alargando em todas as direções de modo constante. E assim a velocidade diminui gradualmente até zero. Conforme a nossa proposição, no ponto A, é evidente existir, por causa da maior velocidade, uma pressão muito mais fraca do que a que se nota em um ponto afastado da abertura do tubo. Manifesta-se portanto em A uma subpressão em relação ao ar distante em repouso.

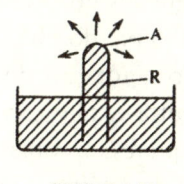

FIGURA II

Se um tubo R, aberto dos dois lados, penetra pela extremidade superior na zona de maior velocidade e, pela extremidade inferior, num recipiente cheio de líquido, a subpressão que se manifesta em A aspira para o alto o líquido do recipiente; este, ao sair do ponto A, se reparte em leves gotinhas e é levado pela corrente de ar.

Não nos esqueçamos dessa comparação e observemos o movimento do ar ao longo de um cilindro de Flettner. Seja C esse cilindro visto de cima. Suponhamos primeiro que ele fique imóvel e que o vento sopre na direção da flecha.

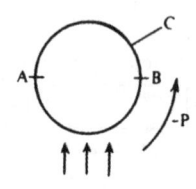

FIGURA III

Ele tem de fazer um certo rodeio ao redor do cilindro C e portanto passa para A e B com a mesma velocidade. Portanto em A e B existe a mesma pressão e o vento não exerce nenhuma ação de força sobre o cilindro. Mas suponhamos agora que o cilindro rode na direção da flecha P. Então a corrente de vento, realizando seu trajeto ao longo do cilindro, se reparte de modo diferente dos dois lados; porque em B o movimento do vento é acelerado pelo movimento de rotação do cilindro e em A ele é freado. Assim, por influência do movimento rotativo do cilindro, produziu-se um movimento que possui em B uma velocidade maior do que em A. Desse modo a força que se exerce da esquerda para a direita é empregada para fazer andar o barco.

Poder-se-ia supor que um cérebro imaginoso teria podido, por si mesmo, sem problema encontrado no exterior, achar essa solução. Na realidade a descoberta se deu da maneira seguinte. Notou-se que, no tiro do canhão, mesmo em tempo calmo, o obus sofre afastamentos laterais importantes e irregulares do plano vertical quando comparados com a direção inicial do eixo do obus. Esse curioso fenômeno era obrigatoriamente atribuído à rotação do obus: motivo de simetria! Não se podia encontrar outra explicação da assimetria lateral da resistência do ar. Há muito que esse problema preocupava os profissionais. Mas um dia, por volta de 1850, o professor de física Magnus, em Berlim, encontrou a explicação correta. Essa explicação, a mesma que acabamos de comentar, mostra a força atuante sobre o cilindro colocado no vento. Mas, em lugar do cilindro C, há o obus girando em torno de um eixo vertical e, em vez do vento, há o movimento relativo do ar ao redor do obus que continua em sua trajetória. Magnus verifica sua explicação por ensaios sobre um cilindro giratório. Parecia-se praticamente com o cilindro de Flettner. Um pouco mais tarde, o grande físico inglês Lord Rayleigh notou, absolutamente sozinho, o mesmo fenômeno a respeito das bolas de tênis. Também ele deu exatamente a mesma explicação correta. Nestes últimos anos, o célebre professor Prandtl fez pesquisas precisas, teóricas e práticas, sobre o movimento do fluido ao longo dos cilindros de Magnus. Imaginou e realizou quase toda a experiência desejada por Flettner. Este viu as pesquisas de Prandtl. Então e somente então pensou que se poderia utilizar este sistema para substituir a vela. Sem essa cadeia de observação, teria alguém imaginado essa descoberta?

A causa da formação dos meandros no curso dos rios — Lei de Baer

Os cursos d'água têm tendência a correr em linha sinuosa em vez de seguir a linha do maior declive do terreno. Essa é a lei geral. Além disso, os geógrafos verificam que os rios do hemisfério Norte corroem de preferência a margem direita e o hemisfério Sul vê o fenômeno inverso (lei de Baer). Para explicar tais fenômenos, numerosas sugestões foram feitas. Para o especialista, é claro, não estou bem certo de que meu raciocínio seja particularmente novo. Aliás, algumas partes dele já são conhecidas. Como, porém, ainda não encontrei pessoas que conheçam totalmente as relações causais desse fenômeno, acredito ser útil fazer uma breve exposição.

Em meu parecer, parece evidente que a erosão deve ser tanto mais forte quanto maior a velocidade da corrente no local em que está diretamente em contato com a margem corroída. Ou então a baixa da velocidade da corrente até zero é mais rápida no lugar da massa líquida. Essa observação aplica-se a todos os casos, porque a erosão é provocada por uma ação mecânica ou por fatores físico-químicos (dissolução das partículas do terreno). Quis por isso refletir sobre os fatos que poderiam influenciar na rapidez da perda de velocidade ao longo da margem.

Nos dois casos, a assimetria da queda da velocidade obriga a refletir, mais ou menos diretamente, sobre a formação de um fenômeno de circulação. O primeiro plano de nossa pesquisa é o seguinte:

Proponho-lhes uma pequena experiência, que cada um poderá repetir com facilidade. Suponhamos uma xícara de fundo chato cheia de chá com algumas folhinhas de chá no fundo. Ali ficam porque são mais pesadas do que o líquido que deslocaram. Com uma colher mexo o líquido com um movimento de rotação. Logo as folhinhas se ajuntam no centro do fundo da xícara. Por quê? A razão é simples. A rotação do líquido provoca uma força centrífuga que age sobre ele. Essa força, por si mesma, não causaria modificação alguma sobre a corrente do líquido, se este girasse como um corpo rijo. Mas, na vizinhança da parede da xícara, o líquido se vê freado pela fricção. Então ele gira, nessa região, com uma velocidade angular menor do que nos outros lugares situados mais para dentro. E justamente a velocidade angular do movimento de rotação, e portanto a força centrífuga na vizinhança do fundo da xícara, será mais fraca do que nos locais mais elevados.

A Figura I representa a circulação do líquido. Ela irá crescendo até que, por causa da fricção do fundo da xícara, se torne estacionária. As folhinhas de chá são arrastadas pelo movimento de circulação para o centro do fundo da xícara. Serviram para demonstrar esse movimento.

FIGURA I

O mesmo raciocínio vale para um curso d'água que contém uma curva (Figura II). Em todas as seções transversais do curso d'água (no nível da curva) age uma força centrífuga no sentido do exterior da curva (de A para B). Mas essa força é mais fraca nas proximidades do fundo, onde a velocidade da corrente está reduzida pela fricção, do que nos locais elevados acima do fundo. Assim se constitui e se forma um movimento circulatório (cf. Figura II). Contudo, mesmo onde não há nenhuma curva da corrente, sob a influência da rotação da Terra, estabelece-se e se forma uma circulação do mesmo gênero (cf. Figura II), mas bem mais fraca. A rotação provoca uma força de Coriolis, dirigida perpendicularmente à direção da corrente. Sua componente horizontal, dirigida para a direita, é igual a $2n\Omega$ sen f por unidade de massa líquida, sendo n a velocidade da corrente, Ω a velocidade de rotação da Terra e f latitude geográfica. Desde que a fricção do fundo determina uma diminuição dessa força à medida que se aproxima dela, esta produz também um movimento circular do mesmo tipo já indicado (Figura II).

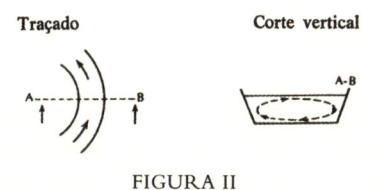

FIGURA II

Depois dessa experiência preliminar, analisemos a distribuição da velocidade na seção do curso d'água; ali onde se verifica a erosão. Por essa razão, representaremos primeiro de que modo a distribuição da velocidade (turbulência) se estabelece e se mantém em uma corrente. Com efeito, se a água calma de uma corrente fosse bruscamente posta em movimento pela intervenção de um impulso dinâmico acelerador e uniformemente distribuído, a distribuição da velocidade sobre a seção transversal continuaria a princípio uniforme. Mas, pouco a pouco, sob a ação da fricção das paredes, se estabeleceria uma distribuição de velocidade. Ela iria aumentando progressivamente, das paredes ao interior da seção da corrente. Uma perturbação estacionária (em grande maioria) da distribuição da velocidade sobre a seção transversal só se produziria de novo muito lentamente, sob a influência da fricção do líquido.

Desse modo a hidrodinâmica representa o fenômeno da instalação desta distribuição de velocidade. Numa distribuição metódica da corrente (corrente potencial) todos os filamentos redemoinhantes se concentram ao da parede. Separam-se dela, depois lentamente se deslocam para o interior da seção transversal da corrente, distribuindo-se por uma camada de espessura crescente. Por essa razão a diminuição da velocidade ao longo da parede decresce gradativamente. E, sob a ação da fricção interior do líquido, os filamentos redemoinhantes no interior da seção transversal do líquido desaparecem lentamente e são substituídos por outros que se formam de novo ao longo da parede. Há assim uma distribuição de velocidade quase estacionária. Observemos um fato importante: a equivalência entre o estado de distribuição de velocidade e o de distribuição estacionária é um fenômeno lento. Isso explica que causas relativamente mínimas, mas de ação constante, podem influenciar em medida considerável a distribuição da velocidade sobre a seção transversal.

Podemos ir adiante. Analisemos que tipo de influência o movimento circular (Figura II), provocado por uma curva da água ou pela força de Coriolis, deve exercer sobre a distribuição da velocidade sobre a seção transversal do líquido. As partículas que se deslocam mais rapidamente são as mais afastadas das paredes, encontrando-se portanto na parte superior acima do centro do fundo. As partes líquidas mais rápidas são projetadas pelo movimento circular para a parede da direita. Ao contrário, a parede da esquerda recebe água vinda da região perto do fundo e dotada de velocidade extremamente fraca. Por esse motivo a erosão deve ser mais forte sobre o lado direito do que sobre o esquerdo. Essa explicação, convém notar, realça consideravelmente o seguinte fato: o movimento circular lento da água exerce enorme influência sobre a distribuição da velocidade porque o fenômeno do restabelecimento do equilíbrio entre as velocidades pela fricção interior (portanto contrária ao movimento circular) também se revela um fenômeno lento.

Compreendemos assim a causa da formação dos meandros. E com facilidade podemos deduzir algumas particularidades. Por exemplo, a erosão é não apenas relativamente importante sobre a parede da direita, mas também sobre a parte direita do fundo. Poder-se-á observar aí um perfil, logo que houver tendência a se formar (Figura III).

FIGURA III

Além disso, a água superficial provém da parede da esquerda e, por consequência, se move sobretudo sobre o lado esquerdo, menos rápida do que a água das camadas inferiores. Essa observação foi feita experimentalmente.

Enfim, o movimento circular possui inércia. A circulação não atinge seu máximo a não ser por trás do ponto de maior curvatura. Por esse fato também se explica a assimetria da erosão. É o motivo pelo qual, no processo de formação da erosão, se produz um acúmulo de linhas sinuosas dos meandros no sentido da corrente. Última observação:

o movimento circular desaparecerá pela fricção mais lentamente na medida em que a seção transversal do rio for maior. Portanto a linha sinuosa dos meandros crescerá com a seção transversal do rio.

Sobre a verdade científica

1. A expressão "verdade científica" não se explica facilmente por uma palavra exata. A significação da palavra verdade varia muito, quer se trate de uma experiência pessoal, de uma proposição matemática ou de uma teoria de ciência experimental. Então não posso absolutamente traduzir em linguagem clara a expressão "verdade religiosa".

2. Por despertar a ideia de causalidade e de síntese, a pesquisa científica pode fazer regredir a superstição. Reconheçamos, no entanto, na base de todo trabalho científico de alguma envergadura, uma convicção bem comparável ao sentimento religioso, porque aceita um mundo baseado na razão, um mundo inteligível!

3. Essa convicção, ligada ao sentimento profundo de uma razão superior, desvendando-se no mundo da experiência, traduz para mim a ideia de Deus. Em palavras simples, poder-se-ia traduzir, como Spinoza, pelo termo "panteísmo".

4. Não posso considerar as tradições confessionais a não ser pelo ponto de vista da história ou da psicologia. Não tenho outra relação possível com elas.

A respeito da degradação do homem de ciência

Qual a meta que deveríamos escolher para nossos esforços? Será o conhecimento da verdade ou, em termos mais modestos, a compreensão do mundo experimental, graças ao pensamento lógico coerente e construtivo? Será a subordinação de nosso conhecimento racional a qualquer outro fim, digamos, por exemplo, "prático"? O pensamento por si só não pode resolver esse problema. Em compensação, a vontade determina sua influência sobre nosso pensamento e nossa reflexão, com a condição evidentemente de que esteja possuída por inabalável convicção. Vou lhes fazer uma confidência muito pessoal: o esforço pelo conhecimento representa uma dessas metas independentes, sem as quais, para mim, não existe uma afirmação consciente da vida para o homem que declara pensar.

O esforço para o conhecimento, por sua própria natureza, nos impele ao mesmo tempo para a compreensão da extrema variedade da experiência e para o domínio da simplicidade econômica das hipóteses fundamentais. O acordo final desses objetivos, no primeiro momento de nossas pesquisas, revela um ato de fé. Sem essa fé, a convicção do valor independente do conhecimento não existiria, coerente e indestrutível.

Essa atitude profundamente religiosa do homem de ciência em face da verdade repercute em toda a sua personalidade. Com efeito, em dois setores os resultados da experiência e as leis do pensamento se dirigem por si mesmos. Portanto o pesquisador, em princípio, não se fundamenta em nenhuma autoridade cujas decisões ou comunicações poderiam pretender à verdade. Daí o seguinte violento paradoxo: um homem entrega sua energia inteira a experiências objetivas e se transforma, quando encarado em sua função social, em um individualista extremo que, pelo menos teoricamente, só tem confiança no próprio julgamento.

Quase se poderia dizer que o individualismo intelectual e a pesquisa científica nascem juntos historicamente e depois nunca mais se separam.

Ora, assim apresentado, que é o homem de ciência a não ser simples abstração, invisível no mundo real, mas comparável ao *homo oeconomicus* da economia clássica? Ora, na realidade, a ciência concreta, a de nosso cotidiano, jamais teria sido criada e mantida viva, se esse homem de ciência não houvesse aparecido, pelo menos em grandes linhas, em grande número de indivíduos e durante longos séculos.

É claro, não considero automaticamente um homem de ciência aquele que sabe manejar instrumentos e métodos julgados científicos. Penso somente naqueles cujo espírito se revela verdadeiramente científico.

No momento atual, em que situação no corpo social da humanidade se encontra o homem de ciência? Em certa medida, pode felicitar-se de que o trabalho de seus contemporâneos tenha radicalmente modificado, ainda que de modo muito indireto, a vida econômica por ter eliminado quase inteiramente o trabalho muscular. Mas sente-se também desanimado, já que os resultados de suas pesquisas provocaram terrível ameaça para a humanidade. Porque esses resultados foram apropriados pelos representantes do poder político, esses homens moralmente cegos. Percebe também a terrível evidência da fenomenal concentração econômica engendrada pelos métodos técnicos provindos de suas pesquisas. Descobre então que o poder político, criado sobre essas bases, pertence a ínfimas minorias que governam à vontade, e completamente, uma multidão anônima, cada vez mais privada de qualquer reação. Mais terrível ainda se lhe impõe outra evidência. A concentração do poder político e econômico nas mãos de tão poucas pessoas não acarreta somente a dependência material exterior do homem de ciência, ameaça ao mesmo tempo sua existência profunda. De fato, pelo aperfeiçoamento de técnicas requintadas para dirigir uma pressão intelectual e moral, ela impede o aparecimento de novas gerações de seres humanos de valor, mas independentes.

Hoje, o homem de ciência se vê verdadeiramente diante de um destino trágico. Quer e deseja a verdade e a profunda independência. Mas, por esses esforços quase sobre-humanos, produziu exatamente os meios que o reduzem exteriormente à escravidão e que irão aniquilá-lo em seu íntimo. Deveria autorizar aos representantes do poder político que lhe ponham uma mordaça. E, como soldado, vê-se obrigado a sacrificar a vida de outrem e a própria, e está convencido de que esse sacrifício é um absurdo. Com toda a inteligência desejável, compreende que, num clima histórico bem-condicionado, os Estados fundados sobre a ideia de Nação encarnam o poder econômico e político e, por conseguinte, também o poder militar, e que todo esse sistema conduz inexoravelmente ao aniquilamento universal. Sabe que, com os atuais métodos de poder terrorista, somente a instauração de uma ordem jurídica supranacional pode ainda salvar a humanidade. Mas é tal a evolução, que suporta sua condenação à categoria de escravo como inevitável. Degrada-se tão profundamente que continua, a mandado, a aperfeiçoar os meios destinados à destruição de seus semelhantes.

Estará realmente o homem de ciência obrigado a suportar esse pesadelo? Terá definitivamente passado o tempo em que sua liberdade íntima, seu pensamento independente e suas pesquisas podiam iluminar e enriquecer a vida dos homens? Teria ele se esquecido de sua responsabilidade e sua dignidade, por *ter* seu esforço se exercido unicamente na atividade intelectual? Respondo: sim, pode-se aniquilar um homem interiormente livre e que vive segundo sua consciência, mas não se pode reduzi-lo ao estado de escravo ou de instrumento cego.

Se o cientista contemporâneo encontrar tempo e coragem para julgar a situação e sua responsabilidade, de modo pacífico e objetivo, e se agir em função desse exame, então as perspectivas de uma solução racional e satisfatória para a situação internacional de hoje, excessivamente perigosa, aparecerão profunda e radicalmente transformadas.

Conheça os títulos da Coleção Clássicos de Ouro

132 crônicas: cascos & carícias e outros escritos — Hilda Hilst
24 horas da vida de uma mulher e outras novelas — Stefan Zweig
50 sonetos de Shakespeare — William Shakespeare
A câmara clara: nota sobre a fotografia — Roland Barthes
A conquista da felicidade — Bertrand Russell
A consciência de Zeno — Italo Svevo
A força da idade — Simone de Beauvoir
A força das coisas — Simone de Beauvoir
A guerra dos mundos — H.G. Wells
A idade da razão — Jean-Paul Sartre
A ingênua libertina — Colette
A mãe — Máximo Gorki
A mulher desiludida — Simone de Beauvoir
A náusea — Jean-Paul Sartre
A obra em negro — Marguerite Yourcenar
A riqueza das nações — Adam Smith
As belas imagens — Simone de Beauvoir
As palavras — Jean-Paul Sartre
Como vejo o mundo — Albert Einstein
Contos — Anton Tchekhov
Contos de terror, de mistério e de morte — Edgar Allan Poe
Crepúsculo dos ídolos — Friedrich Nietzsche
Dez dias que abalaram o mundo — John Reed
Física em 12 lições — Richard P. Feynman
Grandes homens do meu tempo — Winston S. Churchill
História do pensamento ocidental — Bertrand Russell
Memórias de Adriano — Marguerite Yourcenar
Memórias de um negro americano — Booker T. Washington
Memórias de uma moça bem-comportada — Simone de Beauvoir
Memórias, sonhos, reflexões — Carl Gustav Jung
Meus últimos anos: os escritos da maturidade de um dos maiores gênios de todos os tempos — Albert Einstein
Moby Dick — Herman Melville
Mrs. Dalloway — Virginia Woolf
Novelas inacabadas — Jane Austen
O amante da China do Norte — Marguerite Duras

O banqueiro anarquista e outros contos escolhidos — Fernando Pessoa
O deserto dos tártaros — Dino Buzzati
O eterno marido — Fiódor Dostoiévski
O Exército de Cavalaria — Isaac Bábel
O fantasma de Canterville e outros contos — Oscar Wilde
O filho do homem — François Mauriac
O imoralista — André Gide
O muro — Jean-Paul Sartre
O príncipe — Nicolau Maquiavel
O que é arte? — Leon Tolstói
O tambor — Günter Grass
Orgulho e preconceito — Jane Austen
Orlando — Virginia Woolf
Os 100 melhores sonetos clássicos da língua portuguesa — Miguel Sanches Neto (org.)
Os mandarins — Simone de Beauvoir
Poemas de amor — Walmir Ayala (org.)
Retrato do artista quando jovem — James Joyce
Um homem bom é difícil de encontrar e outras histórias — Flannery O'Connor
Uma fábula — William Faulkner
Uma morte muito suave (e-book) — Simone de Beauvoir

Direção editorial
Daniele Cajueiro

Editora responsável
Ana Carla Sousa

Produção editorial
Adriana Torres
André Marinho
Laiane Flores
Mariana Lucena

Revisão
Carolina Leocadio

Diagramação
Futura

Capa
Victor Burton

Este livro foi impresso em 2024,
pela Santa Marta, para a Nova Fronteira.